| 青少年**信息素养教育**系列丛书 |

创意动画
与编程
（Python版）

李雁翎　胡学钢 主 编

陈 欣 廉 欣 副主编

清華大学出版社

北 京

内 容 简 介

　　Python 是一种简洁、易读、可扩展性强的计算机语言，被广泛应用在科学计算和绘图领域。本书以 Python 语言为基础，系统地讲解了三种基本程序结构，使用 turtle、Pillow 和 Pygame 三个模块，以绘制常规图形、分形等经典算法，让学生体验编程之美，在 Python 编程基础上加入创意设计，实现创意编程与动画结合。

　　本书共分 10 章，详细讲解了十多个绘图实例。利用流程图理清思路，提供算法实现举一反三，让学生学会运用计算思维解决问题。本书从顺序结构、选择结构、循环结构到函数应用，深入浅出，结合绘图模块实现各种图形的绘制，让学生了解 Python 在图形绘制与处理方面的强大功能。随着内容不断深入，可帮助学生逐步培养对 Python 语言的兴趣和编程能力。

　　本书大部分实例为作者原创，图文并茂，讲解细致，适合初步接触编程或有一定编程基础的同学阅读和学习。

图书在版编目 (CIP) 数据

　　创意动画与编程：Python 版 / 李雁翎，胡学钢主编 . —北京：清华大学出版社，2023.7
（青少年信息素养教育系列丛书）
　　ISBN 978-7-302-64056-1

　　Ⅰ . ①创… 　Ⅱ . ①李… ②胡… 　Ⅲ . ①软件工具－程序设计－青少年读物
Ⅳ . ① TP311.561-49

　　中国国家版本馆 CIP 数据核字 (2023) 第 126930 号

责任编辑：张　民
封面设计：傅瑞学
版式设计：方加青
责任校对：申晓焕
责任印制：宋　林

出版发行：清华大学出版社
　　　　　网　　　址：http://www.tup.com.cn，http://www.wqbook.com
　　　　　地　　　址：北京清华大学学研大厦 A 座　　　　　邮　　　编：100084
　　　　　社 总 机：010-83470000　　　　　　　　　　　　邮　　　购：010-62786544
　　　　　投稿与读者服务：010-62776969，c-service@tup.tsinghua.edu.cn
　　　　　质 量 反 馈：010-62772015，zhiliang@tup.tsinghua.edu.cn
印 装 者：三河市龙大印装有限公司
经　　销：全国新华书店
开　　本：185mm×260mm　　　印　　张：14　　　字　　数：141 千字
版　　次：2023 年 9 月第 1 版　　　印　　次：2023 年 9 月第 1 次印刷
定　　价：68.00 元

产品编号：096323-01

前言
PREFACE

　　当今世界是智能化与自动化的，大数据与人工智能等新兴科技与人类生活并存。学会编程，能够让我们更好地适应世界发展，更好地创造未来。

　　Python 是一种免费、开源的高级编程语言，具有简洁、灵活、易读和模块化的优良特性。Python 有丰富的第三方工具库，本书主要介绍标准库 turtle，以及第三方库 Pillow 和 Pygame。

　　《义务教育信息科技课程标准（2022 年版）》中提到，义务教育阶段以数据、算法、网络、信息处理、信息安全、人工智能为课程逻辑主线，按照义务教育阶段学生的认知发展规律，统筹安排各学校学习内容。初中阶段深化原理认识，探索利用信息科技手段解决问题的过程与方法。本书从绘图角度介绍了 Python 语言更为强大的一面。

　　本书共分 10 章，主要内容如下。

　　第 1 章：绘制基本几何图形。采用 Python 标准库 turtle，绘制基本几何图形。生活中到处都充满着几何图形，都是由点、线、面等基本几何图形组成的。本章采用顺序结构完成开心蛋的绘制。

第2章：选择结构在绘图中的应用。应用选择结构绘制七巧板拼图，在设定不同的条件下绘制不同的七巧板拼图作品。

第3章：循环绘制图形。应用循环结构可以优化程序，缩短代码行数。本章介绍了 for 循环与 while 循环语句。应用循环结构绘制太阳花。

第4章：循环嵌套在绘图中的应用。本章介绍了列表、随机数，应用循环嵌套绘制爱心贺卡。

第5章：利用自定义函数绘制图形。用函数可以让程序层次分明、减少代码重复，自定义函数可以实现自己设定的功能，本章应用自定义函数绘制镜像图案。

第6章：递归函数在绘图中的应用。函数的自我调用称为递归。本章通过递归调用完成谢尔平斯基三角形的绘制。

第7章：绘制风景画。结合前几章的学习，应用所学知识完成一幅风景画的绘制，可以在本章介绍的方法上加入自己的创意，让风景画更具特色。

第 8 章：Pillow 库图像处理。Pillow 提供了广泛的文件格式支持、强大的图像处理能力，主要包括图像储存、图像显示、格式转换以及基本的图像处理操作等。本章介绍 Pillow 库几个常用模块的功能，运用这些功能实现简单 P 图。

第 9 章：Pygame——实现动画。Pygame 是 Python 的游戏编程模块，它提供了诸多操作模块，擅长开发 2D 游戏，例如俄罗斯方块、贪吃蛇、坦克大战等游戏。本章运用 Pygame 库的函数实现动画，绘制一幅新春佳节的美景。

第 10 章：Pygame——游戏编程。本章除了实现动画以外，增加了用户交互，完成一款简单的 2D 游戏。

本书由李雁翎、胡学钢任主编，陈欣、廉欣任副主编，主要章节由陈欣编写，内容简介和前言由廉欣编写，各章的第一节"问题描述"由陈欣和廉欣共同编写。

因时间和水平有限，书中难免存在不妥或错误之处，欢迎读者批评指正，更希望读者对本书提出建设性意见，以便修订再版时改进。

作者

2023 年 3 月

目录
CONTENTS

第1章
绘制基本
几何图形

本章先编写简单且简短的程序来创建基本几何图形。Python 提供了易学易用的 turtle 库，可以帮我们方便地绘制图形。turtle 库又称为海龟作图，是能够进行绘图操作的一个标准库，包含许多用来绘制图形的函数。利用海龟作图，我们可以编写代码，让一只海龟在屏幕上移动，并留下它的运动轨迹，从而画出图形。还可以跟随海龟看看每句代码如何影响到它的移动，这能帮助我们理解代码的逻辑。

1.1 问题描述

小时候，我们用七巧板创作出各种各样的图案，那时，我们就知道简单的几何图形也可以拼凑出精美的图案。几何体绘图可以帮助我们有效地刻画错综复杂的世界。生活中到处都充满着几何图形，都是由点、线、面等基本几何图形组成的。无穷尽的丰富变化使几何图案本身拥有无穷魅力。任何具象的图形都可以被简化概括成几何体，而几何体也因为不同的排列和组合变得丰富多彩。几何图形虽然看似简单，却能生出无限的可能。turtle 库提供了绘制各种几何图形的函数，我们可以利用这些函数实现几何体绘图。

1.2 案例：开心蛋

利用 turtle 库的函数，绘制一颗可爱的开心蛋，如图 1-1 所示。

图 1-1　开心蛋

1.2.1 编程前准备

1.2.1.1 Python 的安装

这是我们第一次编写 Python 程序，首先要在计算机里安装 Python。Python 目前已支持所有主流操作系统，在 Linux,UNIX,Mac 系统上自带 Python 环境，在 Windows 系统上需要自行安装，步骤很简单。

首先，打开 Python 官网的下载中心 https://www.python.org/downloads/，找到适合自己计算机的安装版本下载，按照安装向导完成安装，如图 1-2 所示。

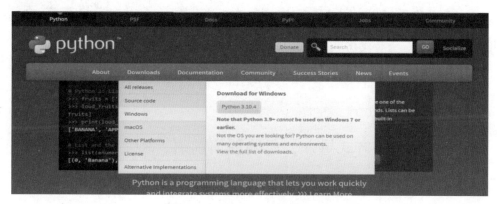

图 1-2　Python 安装界面

安装后，可以查看"开始"菜单验证是否安装成功，如果安装成功，有如图 1-3 所示的菜单。

图 1-3　"开始"菜单

1.2.1.2　绘制几何图形

首先要导入 turtle 库，才能调用库里的函数绘制图形。turtle 库是 Python 的标准库，导入之前无须安装库。常用的导入库的方式有以下两种。

(1) `import turtle`

(2) `from turtle import` 函数名或子库名

第 1 种方式，用 import 语句导入整个库内的所有成员（包括变量、函数、类等）；第 2 种方式，用 import 语句只导入库内的指定函数或指定的子库，除非使用 from turtle import ＊，可以导入所有成员。

使用第 1 种方式导入 turtle 库，调用函数时必须在前面添加 "turtle."，例如：

```
import turtle
turtle.goto(0,100)
```

使用第 2 种方式导入，无须任何前缀，例如：

```
from turtle import *
goto(0,100)
```

导入 turtle 库后，我们就能开始海龟绘图了。下面是几种简单几何图形的绘制举例。

1. 绘制直线

例 1.1　让我们使用海龟绘图来编写第一个程序。在 IDLE 窗口中输入如下代码，并将其保存为 StraightLine.py。

(1) `from turtle import*`

(2) `pencolor("red")`

(3)pensize(3)

(4)goto(100,100)

运行代码后，会在画布中画出一条直线（如图1-4所示）。

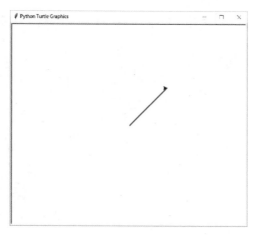

图1-4 一条直线

让我们一行一行地解析程序，看看直线是如何绘制的。

代码1，作用是导入turtle库，这样我们可以使用很多绘图函数。库（Library）就是可以重复使用的代码的集合。一些优秀的程序员创建了各种库，有了这些库，我们编写程序时可以很方便地使用已有的代码，大大减轻了工作量。

代码2，作用是调用turtle库的函数pencolor将画笔颜色设置为红色，默认的画笔颜色是黑色。

代码3，作用是设置画笔宽度，也可以调用函数width（3）来设置，数字值越大，线越粗。

代码4是画出线段的关键，表示海龟从坐标系原点走到坐标（100，100）的位置。坐标系原点在画布中心，这是海龟的起始位置，所以绘制出一条斜线。

Python画图中，画布的坐标为：从中心起始点出发（即O点），

上值和右值为正值，下值和左值为负值。

2. 绘制正方形

例 1.2　让我们来绘制一个红色正方形，正方形位于第一象限，左下角的顶点就是原点。在 IDLE 窗口中输入如下代码，并将其保存为 Square1.py。

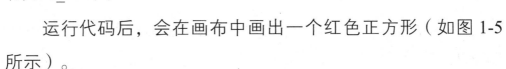

```
(1) from turtle import*
(2) color("red")
(3) pensize(3)
(4) begin_fill( )
(5) goto(0,200)
(6) goto(200,200)
(7) goto(200,0)
(8) goto(0,0)
(9) end_fill( )
```

运行代码后，会在画布中画出一个红色正方形（如图 1-5所示）。

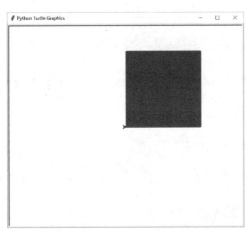

图 1-5　一个红色正方形

通过例 1.1 的解析，我们知道 goto(x,y) 函数可以让海龟移动到坐标 (x,y) 的位置，所以不难想出可以让海龟移动 4 次，从而画出正方形。但是，如何用红色填充正方形呢？我们通过对第 2 行、第 4 行和第 9 行这 3 行代码的解析来回答这个问题。

代码 2 的作用是将画笔色和填充色都设置为红色，也可以用下面两句代码来实现同样的功能：

```
pencolor("red") #设置画笔色

fillcolor("red") #设置填充色
```

当画笔色和填充色不同时，可以用两个参数来表示，如 color("red","blue")，可将画笔色设置为红色，填充色设置为蓝色，相当于如下两句代码：

```
pencolor("red")

fillcolor("blue")
```

代码 4 和代码 9 的功能是实现对图形的颜色填充。在绘制需要填充颜色的图形之前调用函数 begin_fill( )，在图形绘制完毕后调用函数 end_fill( )，则可以完成填充。

例 1.3　我们继续绘制一个正方形，与例 1.2 不同的是，这个正方形位于画布正中。在 IDLE 窗口中输入如下代码，并将其保存为 Square2.py。

```
from turtle import*

color("blue","yellow")

pensize(3)

begin_fill( )
```

```
penup( )      #抬起画笔

goto(-100,100)

pendown( )    #放下画笔

goto(100,100)

goto(100,-100)

goto(-100,-100)

goto(-100,100)

end_fill( )
```

运行代码后，会在画布中画出如下正方形（如图 1-6 所示）。

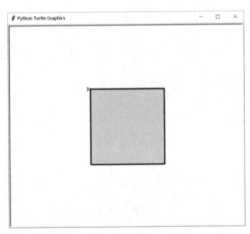

图 1-6　画布正中的正方形

例 1.3 和例 1.2 的主要区别在于正方形的位置。海龟的起始位置在画布正中心，不论走到正方形哪个顶点，都会留下一条斜线，但是图 1-6 中并没有出现这条线，原因是第 5 行和第 7 行这两句代码 penup( )、pendown( )。函数 penup( ) 让海龟腾空，腾空期间海龟移动不会留下痕迹，函数 pendown( ) 让海龟降落，降落后又可以继续画图。这两个函数也可以简写为 up( ) 和 down( )。

3. 绘制三角形

例 1.4　绘制边长为 200 的等边三角形。在 IDLE 窗口中输入如下代码，并将其保存为 triangle.py。

```python
from turtle import*

pensize(3)

pencolor("red")

goto(200,0)

left(120)     # 海龟前进的方向左转120度

pencolor("green")

forward(200)    # 向前移动200像素点

left(120)      # 海龟前进的方向左转120度

pencolor("blue")

forward(200)    # 向前移动200像素点
```

运行代码后，会在画布中画出如下等边三角形（如图 1-7 所示）。

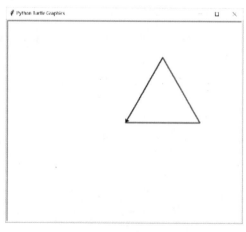

图 1-7　等边三角形

本题的已知条件是边长为 200，可以计算出三角形 3 个顶

点的坐标，然后用函数 goto(x,y) 画出这个等边三角形，然而用以上代码画出三角形，并不需要计算顶点坐标，关键在于 left( ) 和 forward( ) 这两个函数。

在解释第 5 行代码 left(120) 之前，我们要先了解海龟的移动方向。海龟默认的正前方是 x 轴正方向，如果让海龟向前走，海龟会朝着 x 轴正方向前进。可以调用 left( ) 或者 right( ) 函数来改变海龟的移动方向，第 5 行代码 left(120) 表示海龟前进的方向左转 120 度，第 7 行代码 forward(200) 表示让海龟向前移动 200 像素点，所以无须计算顶点坐标就可以画出等边三角形。

4. 绘制圆形

例 1.5　绘制圆、圆弧和多边形。在 IDLE 窗口中输入如下代码，并将其保存为 circle.py。

```
from turtle import*
circle(100)    #绘制半径为 100 的圆
up( )
goto(-220,-220)
down( )
circle(100,180)    #绘制半径为 100 的 180 度圆弧
up( )
goto(180,0)
down( )
circle(100,360,6)    #绘制正六边形
```

运行代码后，会在画布中画出如下圆、圆弧和多边形（本例为正六边形，如图 1-8 所示）。

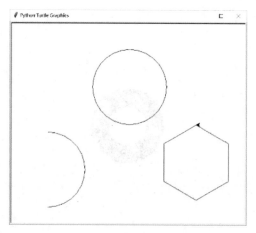

图 1-8　圆、圆弧和多边形

函数 circle(radius,extent,steps) 有 3 个参数：第 1 个参数是圆半径，不可缺省；第 2 个参数是圆弧角度，如果缺省则默认为 360 度；第 3 个参数是正多边形的边数，如果缺省则默认画圆。

5. 绘制圆点

例 1.6　绘制两个同心的圆点。在 IDLE 窗口中输入如下代码，并将其保存为 dot.py。

```
from turtle import*
hideturtle( )  #隐藏海龟
dot(200)  #绘制直径为 200 的黑色圆点
dot(100,"white")  #绘制直径为 100 的白色圆点
```

运行代码后，会在画布中画出如下同心圆点（如图 1-9 所示）。

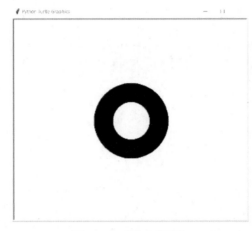

图 1-9　同心圆点

函数 dot(diameter,color) 有两个参数：第 1 个参数是圆点直径，如果缺省则默认为 1；第 2 个参数是圆点的颜色，如果缺省则默认黑色。

1.2.1.3　顺序结构

我们知道了几何图形的绘制方法，但是，在编写程序前，还须了解程序的基本结构，才能正确地写出代码。程序有 3 种基本结构：①顺序结构，程序的运行顺序和代码的排列顺序一样，自上而下，依次执行；②选择结构，根据某个特定的条件进行判断后，选择某部分代码执行；③循环结构，在程序中需要反复执行某段代码，直到条件为假时停止循环。

本章，先学习顺序结构。顺序结构是最简单的程序结构，程序中所有代码都会按照排列顺序依次执行，不会跳过任何一句代码，每句代码执行一次。上文中的 6 个例题都是顺序结构的程序。

顺序结构流程图如图 1-10 所示。

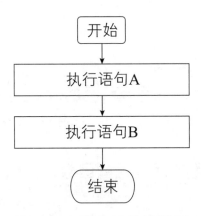

图 1-10 顺序结构流程图

1.2.2 算法设计

绘制开心蛋程序流程图如图 1-11 所示。

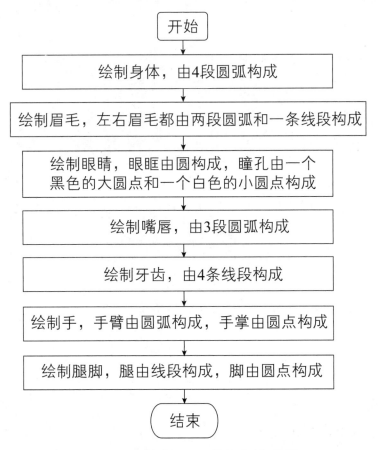

图 1-11 绘制开心蛋程序流程图

1.3 编写程序及运行

接下来综合运用前面介绍的函数，实现开心蛋的绘制。

1.3.1 程序代码

```python
from turtle import*  #导入 turtle 库的所有函数

setup(800, 600, 0, 0)  #设置画布大小和位置

speed(0)  #设置绘画速度

hideturtle()  #隐藏海龟

#绘制身体，身体由 4 段圆弧构成

up()  #抬起画笔

goto(-135,0)

right(90)  #海龟方向右转90度

down()  #落下画笔

fillcolor("lemon chiffon")  #设置填充色

begin_fill()  #开始填充

circle(135, 180)  #绘制半径为135、角度为180的圆弧

circle(250, 35)

circle(110, 110)

circle(250, 35)

end_fill()  #结束填充

left(90)  #海龟方向左转90度
```

绘制眉毛，左右眉毛都由两段圆弧和一条线段构成

左眉毛

```
up()

goto(-20,130)

down()

fillcolor("black")

begin_fill()# 眉毛用黑色填充

left(100)

fd(12)  # 向前移动 12

left(90)

circle(22,80)

up()

goto(-20, 130)

down()

right(80)

circle(40,35)

end_fill()
```

右眉毛

```
up()

goto(45,125)

down()

begin_fill()

left(230)

circle(20,85)

up()
```

```
goto(45,125)

down()

right(35)

circle(40,35)

right(98)

fd(12)

end_fill()
```

绘制眼睛，眼眶由圆构成，瞳孔由一个黑色的大圆点和一个白色的小圆点构成

左眼

```
width(2)

up()

goto(8,80)

down()

circle(32)   # 绘制眼眶

up()

goto(-20,80)

down()

dot(16)   # 绘制直径为 16 的黑色圆点

up()

goto(-22,82)

down()

dot(8,"white")   # 在瞳孔中绘制直径为 8 的白色圆点
```

右眼

```
up()

goto(4,68)
```

```
down()
right(140)
circle(28,295)
up()
goto(20,80)
down()
dot(16)
up()
goto(20,82)
down()
dot(8,"white")
# 绘制嘴唇，嘴唇由 3 段圆弧构成
width(3)
up()
goto(-50,50)
down()
right(80)
circle(25,70)   # 绘制左嘴角
up()
goto(-66,49)
down()
left(85)
circle(90,100)  # 绘制上唇
up()
goto(-50,36)
```

```
down()

right(130)

circle(70,115)  #绘制下唇

#绘制牙齿，牙齿由4条线段构成

up()

goto(-25,23)

down()

goto(-27,0)

up()

goto(-2,20)

down()

goto(-2,-15)

up()

goto(21,20)

down()

goto(24,-18)

up()

goto(44,29)

down()

goto(52,-10)

#绘制手，手臂由圆弧构成，手掌由圆点构成

up()

goto(135,40)

down()

width(6)
```

```
right(45)

circle(-40, 80) #绘制右手臂

dot(14) #绘制手掌

dot(9,"white")

up()

goto(-135,40)

down()

right(110)

circle(-40, 80) #绘制左手臂

dot(14) #绘制手掌

dot(9,"white")

#绘制腿脚，腿由线段构成，脚由圆点构成

left(12)

up()

goto(25,-152)

down()

dot(16) #绘制右脚

dot(11,"white")

up()

fd(3)

down()

fd(15)

up()

goto(-25,-152)

down()
```

```
dot(16)  #绘制左脚
dot(11,"white")
up()
fd(3)
down()
fd(15)
```

1.3.2　运行程序

　　程序会按照顺序依次执行，先绘制身体轮廓，然后依次绘制眉毛、眼睛、嘴唇、牙齿、手和腿脚。如果顺序结构的程序运行时出现问题，很可能是语法错误，需要认真检查，所以要求同学们在编写程序的时候要严谨心细。最终绘图效果如图1-1所示。

1.4　拓展训练

1. 五角星

绘制边长为200的正五角星，如图1-12所示。

图1-12　正五角星

2. 绘制奥运五环

绘制如图 1-13 所示的奥运五环。

图 1-13 奥运五环

第2章 选择结构在绘图中的应用

通过第1章的学习，我们掌握了程序基本结构中的顺序结构。本章，我们就来学习基本结构中的选择结构，并将其运用到海龟作图中，看看它能给我们带来什么惊喜。

2.1 问题描述

　　在顺序结构的程序中，所有代码都会被一一执行，程序没有交互性。例如，下面的程序功能是绘制边长为200的红色正方形，如果有的读者希望能得到黄色正方形，有的读者想要粉色正方形，或者，读者要指定边长为300，那该怎么办呢？

```
from turtle import*
color("red")
pensize(3)
begin_fill( )
goto(0,200)
goto(200,200)
goto(200,0)
goto(0,0)
end_fill( )
```

　　可以在程序中使用选择结构来解决这些问题。在日常生活中，我们经常会根据不同情况作出不同的选择。例如，今天降温，则选择穿厚外套，下雨了，则选择带雨具出门。计算机也具备同样的决策能力。例如，手机来电时，如果对方的号码已被拉黑，则会被手机自动过滤；汽车倒车时，如果后面突然窜出一个人，汽车传感器能比我们更快地作出反应并马上启动刹车。在这些例子中，计算机都要检测某些条件：号码是否被拉黑，汽车后面一定距离内是否有障碍物，这些就需要程序中的选择结构来完成条件判断，并根据判断结果作出正确的决策。

我们在进行海龟作图时，可以采用选择结构的程序，让读者选择喜欢的图形。

2.2 案例：七巧板拼图

我们小时候都玩过七巧板拼图，图2-1是七巧板，大家想拼成什么图形？我们提供一些选择给读者吧，例如：房子、帆船、鱼、树木和火箭等，根据读者不同的选择而显示不同的图形。

图 2-1　七巧板

如果读者选择房子，则显示如图2-2（a）所示的房子；如果读者选择帆船，则显示如图2-2（b）所示的帆船……

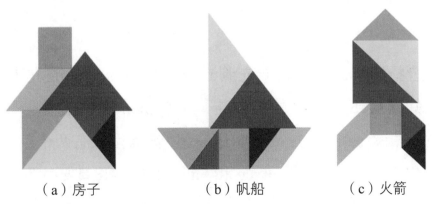

（a）房子　　　　　（b）帆船　　　　　（c）火箭

图 2-2　根据读者不同的选择，显示不同的图形

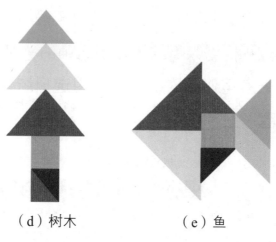

（d）树木　　　　　　（e）鱼

图 2-2　（续）

2.2.1　编程前准备

要想让程序按照读者的选择而执行不同的代码，需要采用选择结构，本节介绍另一种程序基本结构——选择结构。选择结构是指在程序执行过程中，根据指定的条件的值在两条或多条路径中选择一条执行。

Python 语言的选择控制结构有三种：单分支选择结构、双分支选择结构和多分支选择结构。要掌握选择结构的用法，除了要学习这三种选择结构语句和流程以外，还要理解在选择时要判断的"条件"是如何构造的。

2.2.1.1　条件

选择结构的程序，要先判断条件的值为 True 还是 False，才能知道接下来程序的控制走向。Python 提供了一种数据类型——布尔型（bool），或者叫逻辑型，该类型只有两个数据——True 和 False。请注意，True 和 False 的首字母都要大写，否则

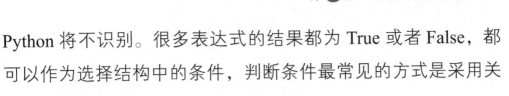

Python 将不识别。很多表达式的结果都为 True 或者 False，都可以作为选择结构中的条件，判断条件最常见的方式是采用关系表达式和逻辑表达式。

1. 关系表达式

关系表达式是用关系运算符连接操作数而成的表达式，关系运算符就是比较两个值的大小关系的运算符。两个值是否一个比另一个大？是否相等？例如，我们输入手机银行的交易密码，关系表达式会将输入的密码和原先设定的密码相比较，如果相等，则交易成功，否则无法交易。

关系运算符如表 2-1 所示。

表 2-1 关系运算符

Python 运算符	数学符号	含义	示例	结果
>	>	大于	2>1	True
<	<	小于	2<1	False
>=	≥	大于或等于	1>=1	True
<=	≤	小于或等于	2<=1	False
==	=	等于	1==2	False
!=	≠	不等于	1!=2	True

Python 中的关系运算符和数学符号有些区别，这是为了使我们更容易在键盘上输入符号。特别注意：等号运算符是"=="，因为在 Python 中，"="已经被用作赋值号了。

选择结构的条件以及第 3 章介绍的循环结构的循环条件经常采用关系表达式。例如，当户外气温高于或等于 18℃时，

室内空调压缩机运转，否则不运转。假设气温值存在变量 temp 里，则条件可用关系表达式"temp>18"来表示。如果气温为22℃，表达式"temp>18"的值为 True；如果气温为16℃，表达式"temp>18"的值为 False。

2. 逻辑表达式

逻辑表达式是用逻辑运算符连接操作数而成的表达式。逻辑运算又称布尔运算，布尔用数学方法研究逻辑问题，成功地建立了逻辑代数。在逻辑代数中，有与、或、非三种基本逻辑运算。

逻辑运算符如表 2-2 所示。

表 2-2　逻辑运算符

运算符	名称	基本格式	说　　明
and	逻辑与	a and b	仅当 a 和 b 的值都为 True 时，a and b 的结果才为 True；只要 a 和 b 有一个值为 False，则 a and b 的结果为 False
or	逻辑或	a or b	仅当 a 和 b 的值都为 False 时，a or b 的结果才为 False；只要 a 和 b 有一个值为 True，则 a or b 的结果为 True
not	逻辑非	not a	如果 a 的值为 True，则 not a 的值为 False；如果 a 的值为 False，则 not a 的值为 True

在书写逻辑表达式时要注意：操作数和逻辑运算符之间必须要有空格。

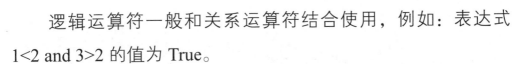

逻辑运算符一般和关系运算符结合使用，例如：表达式 1<2 and 3>2 的值为 True。

Python 逻辑运算符可以用来操作任何类型的表达式，不管表达式是不是 bool 类型；同时，逻辑运算的结果也不一定是 bool 类型，它也可以是任意类型。例如：

表达式 1 or 2 的值为 1；

表达式 0 or 2 的值为 2；

表达式 1 and 2 的值为 2；

表达式 0 and 2 的值为 0。

0、1 和 2 都是整型数，不是 bool 类型，但是都可以作为逻辑运算符的操作数，运算规则如下。

- a or b：如果 a 不为 0 或不为空或为 True，则表达式的值为 a 的值，否则表达式的值为 b 的值；

- a and b：如果 a 为 0 或为空或为 False，则表达式的值为 a 的值，否则表达式的值为 b 的值。

2.2.1.2 单分支选择结构

Python 的单分支选择结构用 if 语句来实现，if 语句的语法格式如下：

```
if  <条件>:
    <语句块>
```

首先判断条件的值，当条件的值为 True 时，执行语句块；值为 False 时，不执行语句块，转向执行程序的下一条语句。语句块可包含一条或多条语句。请特别注意"条件"后有个冒号，如果遗漏，则程序无法运行。if 语句的流程图如图 2-3 所示。

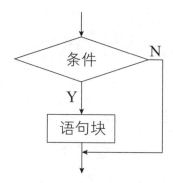

图 2-3 if 语句的流程图

例 2.1 从键盘输入两个实数，按照从小到大的顺序输出这两个数。

分析：假设输入的两个实数分别存放于变量 a 和变量 b，则从小到大输出变量 a、b 的值无非两种可能：一是 a 小于或等于 b，则先输出 a 的值，再输出 b 的值；二是 a 大于 b，则先输出 b 的值，再输出 a 的值。所以，输出之前先判断两个变量的值的大小，根据结果决定输出的顺序。

程序代码如下：

```
(1)a=eval(input('请输入一个实数：'))

(2)b=eval(input('请再输入一个实数：'))

(3)if(a>b):

(4)    print("%.1f,%.1f"%(b,a))

(5)if(a<=b):

(6)    print("%.1f,%.1f"%(a,b))
```

代码解释：

代码 1 和代码 2 的作用都是从键盘接收一个实数，存入变量里。代码 4 和代码 6 的作用都是输出数据到屏幕。这几句代码涉及三个内置函数：eval( )、input( ) 和 print( )。

①函数 eval(str) 功能强大，有一个不可缺省的参数 str，可将字符串 str 当成有效的 Python 表达式来求值并返回计算结果。

举例：（以下是从 IDLE Shell 里复制出来的运行结果）

```
>>> '1+2'
'1+2'      # 字符串 '1+2' 仅仅是字符串，不会被当成算术表达式1+2来计算。
>>> eval('1+2')
''' 经过 eval 函数解析后，字符串 '1+2' 变成 Python 算数表达式 1+2，所
以返回计算结果 3。'''
3
>>> eval('123')
123      # 字符串 '123' 被 eval 函数转换成整数 123。
```

所以，eval 函数的作用可以简单地理解为去掉字符串的引号。

②函数 input( ) 用来接收键盘输入的数据，但是，不管输入什么类型的数据，都被当作字符串接收进来，用法如下：

```
变量 =input(< 提示性文字 >)
```

获得用户输入之前，input( ) 函数可以包含一些提示性文字，例如：

```
# 执行该语句后，会输出下面这行提示信息
>>> a=input(' 请输入一个实数：')
请输入一个实数：
```

这时可以输入一个实数，例如输入 3.5，然后按回车键，表示结束输入。接下来看看变量 a 的值是否是实数 3.5。

```
>>> a
'3.5'
```

从 IDLE Shell 里显示的变量 a 的值可以看出，虽然输入的是 3.5，但是接收的是字符串 '3.5'，这不是我们想要的数据，我们希望变量 a 的值是实数 3.5。如何转换？可以使用上面提到的 eval 函数。所以代码 1 和代码 2 在输入数据时，采用 eval 函数转换输入的数据。

③函数 print( ) 用来输出数据到屏幕。例如：

```
print("Hello")  # 输出：Hello，print 函数可输出字符串。

x=3;print(x)  # 输出：3，print 函数可输出任何类型变量的值。

''' 输出：1.2，print 函数可按照指定的格式输出数据，%.1f 表示按照十进
制小数形式输出变量 x 的值，保留 1 位小数。'''

x=1.234;print("%.1f"%x)

# 输出 x=1.24，也可通过 format 函数来指定数据输出的格式。

print("x={:.2f}".format(1.236))
```

代码 3 的作用是判断条件"a>b"的值是 True 还是 False，如果是 True，则执行代码 4，先输出 b，再输出 a；否则不执行代码 4，继续执行下面的语句。

代码 5 的作用是判断条件"a<=b"的值是 True 还是 False，如果是 True，则执行代码 6，先输出 a，再输出 b；否则不执行代码 6，程序结束。

特别注意：代码 4 和代码 6 相对于前一行代码都缩进了。Python 语言采用严格的"缩进"来表明程序的格式框架。缩进指每一行代码开始前的空白区域，用来表示代码之间的包含和层次关系。缩进是 Python 语言中表明程序框架的唯一手段。

2.2.1.3　双分支选择结构

Python 的双分支选择结构用 if 和 else 语句来实现，语法格式如下：

```
if  <条件>:
    <语句块1>
else:
    <语句块2>
```

首先判断条件的值，当条件的值为 True 时，执行语句块 1，不执行语句块 2，然后转向执行程序的下一条语句；值为 False 时，执行语句块 2，不执行语句块 1，然后转向执行程序的下一条语句。语句块可包含一条或多条语句。流程图如图 2-4 所示。

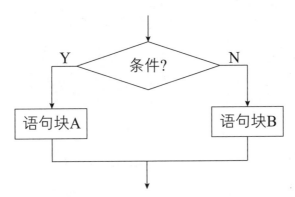

图 2-4　双分支选择结构流程图

例 2.2　另解：用双分支选择结构来求解例 2.1。

```
(1)a=eval(input('请输入一个实数: '))
(2)b=eval(input('请再输入一个实数: '))
(3)if(a>b):
(4)    print("%.1f,%.1f"%(b,a))
(5)else:
(6)    print("%.1f,%.1f"%(a,b))
```

代码解释：

代码 3 的作用是判断条件 "a>b" 的值是 True 还是 False，如果是 True，则执行代码 4，先输出 b，再输出 a，然后程序结束；如果是 False，则不执行代码 4，而执行代码 6，先输出 a，再输出 b，然后程序结束。

这种用双分支选择结构的解法，只判断一次条件，比起用两个单分支选择结构的解法，少判断一次条件，所以这种解法效率更高。大家思考下，是否还有其他解法。

例 2.3　输入一个年份（整数），输出该年是否为闰年。

闰年要满足的条件：年份是 4 的整数倍，但不是 100 的整数倍；或者年份是 400 的整数倍。

例如：

输入：2020

输出：2020 年是闰年

输入：2022

输出：2022 年不是闰年

程序代码如下：

```
(1) year=eval(input('请输入年份：'))
(2) if(year%4==0 and year %100!=0 or year %400==0):
(3)     print(year,'是闰年')
(4) else:
(5)     print(year,'不是闰年')
```

代码解释：

代码 1 将输入的年份存入变量 year。

代码 2 判断变量 year 的值是否满足闰年的条件。条件用一个逻辑表达式来表示：year%4==0 and year %100!=0 or year %400==0。该表达式用到多种运算符，除了前面学习过的关系运算符（== 和 !=）和逻辑运算符（and 和 or）以外，还涉及算术运算符 "%"。"%" 是求余运算符，例如：算式表达式 10%3，表示求 10 对 3 整除后的余数，表达式的值为 1。

如果代码 2 中的逻辑表达式的值为 True，则执行代码 3，然后程序结束；否则执行代码 5，然后程序结束。

双分支结构还有一种更简洁的表达方式，适合通过判断返回特定值，语法格式如下：

```
<表达式1> if <条件> else <表达式2>
```

例 2.4 输入一个表示年龄的整数，通过对年龄的判断，输出 "可以申请驾照" 或 "不能申请驾照"。

程序代码如下：

```
(1)age=eval(input('请输入年龄: '))
(2)print("{}申请驾照".format("可以" if age>=18 else "不能"))
```

程序运行示例 1：

```
请输入年龄: 16
不能申请驾照
```

程序运行示例 2：

```
请输入年龄: 20
可以申请驾照
```

是否能申请驾照，关键在于代码 2 的 format 函数里的表达式："可以" if age>=18 else "不能"。该表达式功能和双分支选

择结构 if⋯else⋯语句功能一样，首先判断条件 age>=18 的值是否为 True，如果是则表达式的值为字符串 " 可以 "，否则表达式的值为字符串 " 不能 "。

2.2.1.4　多分支选择结构

Python 的多分支选择结构用 if-elif-else 来实现，语法格式如下：

```
if  <条件 1>:
    <语句块 1>
elif <条件 2>:
    <语句块 2>
...
else:
    <语句块 n+1>
```

首先判断条件 1，如果条件 1 的值为 True，则执行语句块 1，然后结束该选择结构；如果条件 1 的值为 False，再判断条件 2，如果条件 2 的值为 True，则执行语句块 2，然后结束该选择结构；如果条件 2 的值为 False，再判断条件 3……如果所有 n 个条件的值都为 False，则执行 else 后的语句块 n+1。虽然共有 n+1 个语句块，但是只会执行到其中 1 个语句块。流程图如图 2-5 所示。

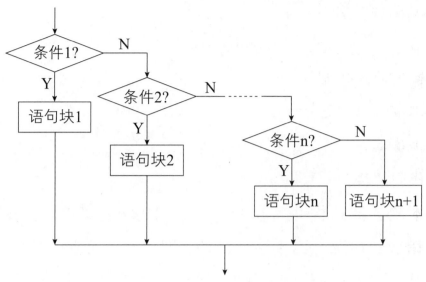

图 2-5 多分支选择结构流程图

例 2.5 输入一个 [0,100] 的分数，输出成绩的等级，等级划分如下：

分数在 [90,100]，输出 A；分数在 [80,89]，输出 B；分数在 [70,79]，输出 C；分数在 [60,69]，输出 D；分数在 [0,59]，输出 E；分数大于 100 或者小于 0，输出 " 成绩错误 "。

程序代码如下：

```
(1)score=eval(input("请输入成绩："))
(2)if score>100 or score<0:print(" 成绩错误 ")
(3)elif score>=90:print("A")
(4)elif score>=80:print("B")
(5)elif score>=70:print("C")
(6)elif score>=60:print("D")
(7)else:print("E")
```

输入输出示例 1：

请输入成绩：65

输出：D

输入输出示例 2：

请输入成绩：101

输出：成绩错误

代码解释：

本题选择结构共有 6 个分支，代码 2 是第 1 个分支，即输入错误的情况。如果该分支的条件为假，说明分数一定在 [0,100]。代码 3 是第 2 个分支，虽然条件是 "score>=90"，但是因为第 1 个分支条件为假才会判断条件 2，所以条件 2 实际上是 score 在 [90,100]。以此类推，代码 7 默认 score 在 [0,59]。

2.2.1.5　数字输入框

本章的案例，需由用户输入一个选择，按照用户的选择来决定绘制的图形。所以，首先介绍数字输入框函数 numinput( )：

```
numinput(title, prompt, default=None, minval=None,
maxval=None)
```

函数功能：弹出输入框，可在输入框内输入数字，并将该数字返回，不论输入的是整数还是实数，都会返回实数。

numinput 函数的参数如表 2-3 所示。

表 2-3　numinput 函数的参数

参　　数	描　　述
title	对话框窗口的标题
prompt	提示信息，主要描述要输入的数字信息
default	默认值，该参数可缺省

续表

参　数	描　　述
minval	输入的最小值，如果输入的数据小于该数，会有出错提示。该参数可缺省
maxval	输入的最大值，如果输入的数据大于该数，会有出错提示。该参数可缺省

例如：

```
from turtle import numinput
x=numinput("跑道选择","请选择跑道（1~8）",1,1,8)
```

该程序运行后会出现如图 2-6 所示的输入框，可输入 [1,8] 的数字，然后单击 OK 按钮，即可将数字返回。如果没有输入数字，直接单击 OK 按钮，则返回默认值 1。

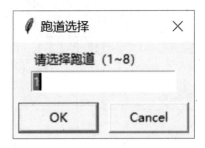

图 2-6　数字输入框

2.2.2 算法设计

七巧板拼图案例流程图如图 2-7 所示。

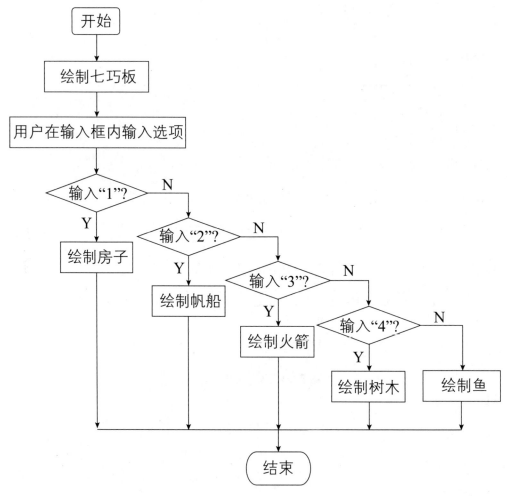

图 2-7　七巧板拼图案例流程图

2.3　编写程序及运行

七巧板的颜色每块都不一样，请同学们记好每块的形状、大小与颜色。

编写程序要养成良好的习惯，需要注释的地方一定要加上注释，方便阅读程序、理解程序的功能。

希望同学们能学以致用，编写程序设计出独具特色的七巧板作品。

2.3.1 程序代码

```
from turtle import*
hideturtle()
#speed()函数的参数表示速度，最快:0，快:10，正常:6，慢:3，最慢:1
speed(0)
pensize(2)
fillcolor("skyblue")
#设置画布的长、宽分别为计算机屏幕长、宽的0.95和0.9
setup(0.95,0.9)
#开始绘制七巧板
#绘制天蓝色平行四边形
up()
goto(-500,300)
down()
begin_fill()
goto(-350,300)
goto(-275,225)
goto(-425,225)
goto(-500,300)
end_fill()
```

```python
# 绘制黄色三角形
fillcolor("yellow")
begin_fill()
goto(-350,150)
goto(-500,0)
goto(-500,300)
end_fill()
# 绘制洋红色三角形
up()
goto(-425,225)
down()
fillcolor("magenta")
begin_fill()
goto(-275,225)
goto(-350,150)
goto(-425,225)
end_fill()
# 绘制草绿色三角形
up()
goto(-350,300)
down()
fillcolor("lawngreen")
begin_fill()
goto(-200,300)
goto(-200,150)
```

```
goto(-350,300)

end_fill()

# 绘制橙色正方形

up()

goto(-350,150)

down()

fillcolor("orange")

begin_fill()

goto(-275,225)

goto(-200,150)

goto(-275,75)

goto(-350,150)

end_fill()

# 绘制蓝紫色三角形

up()

goto(-200,150)

down()

fillcolor("blueviolet")

begin_fill()

goto(-200,0)

goto(-275,75)

goto(-200,150)

end_fill()

# 绘制红色三角形

up()
```

```
goto(-350,150)

down()

fillcolor("red")

begin_fill()

goto(-200,0)

goto(-500,0)

goto(-350,150)

end_fill()
```

弹出对话框，让用户输入自己的选择，输入的数字在 [1,5]

```
x=numinput("请选择要显示的图形的编号 ","1：房子，2：帆船，3：火箭，
4：树木，5：鱼 ",1,1,5)

if x==1: # 开始绘制房子

    # 烟囱（橙色正方形）

    up()

    goto(0,200)

    down()

    color("orange")

    begin_fill()

    goto(100,200)

    goto(100,100)

    goto(0,100)

    goto(0,200)

    end_fill()

    # 一小半屋顶（天蓝色平行四边形）

    up()
```

```
goto(0,100)

down()

color("skyblue")

begin_fill()

fd(100)

right(135)

fd(141)

right(45)

fd(100)

right(135)

fd(141)

end_fill()
```

另一大半屋顶（红色三角形）

```
goto(0,0)

color("red")

begin_fill()

fd(200)

right(90)

fd(200)

right(135)

fd(282)

end_fill()
```

主墙体（由4块三角形组成）

草绿色三角形

```
goto(91,0)
```

```
color("lawngreen")

begin_fill()

fd(141)

left(90)

fd(141)

left(135)

fd(200)

end_fill()

# 黄色三角形

color("yellow")

begin_fill()

right(90)

fd(200)

right(135)

fd(282)

end_fill()

# 洋红色三角形

goto(91,0)

color("magenta")

begin_fill()

right(180)

fd(141)

right(135)

fd(100)

right(90)
```

```
    fd(100)

    end_fill()

    # 紫色三角形

    goto(232,-141)

    color("purple")

    begin_fill()

    fd(100)

    right(90)

    fd(100)

    right(135)

    fd(141)

    end_fill()

elif x==2：  # 开始绘制帆船

    # 船身，由3个三角形和正方形、平行四边形组成

    # 草绿色三角形

    color("lawngreen")

    up()

    goto(-100,-50)

    down()

    begin_fill()

    goto(100,-50)

    goto(0,-150)

    goto(-100,-50)

    end_fill()

    # 洋红色三角形
```

```
goto(100,-50)

color("magenta")

begin_fill()

goto(100,-150)

goto(0,-150)

goto(100,-50)

end_fill()

# 橙色正方形

color("orange")

begin_fill()

goto(100,-150)

goto(200,-150)

goto(200,-50)

end_fill()

# 紫色三角形

color("purple")

begin_fill()

goto(300,-50)

goto(200,-150)

goto(200,-50)

end_fill()

# 天蓝色平行四边形

goto(300,-50)

color("skyblue")

begin_fill()
```

```
goto(400,-50)

goto(300,-150)

goto(200,-150)

end_fill()

# 船帆，由两个三角形组成

# 红色三角形

up()

goto(68,-50)

down()

color("red")

begin_fill()

goto(350,-50)

goto(209,91)

goto(68,-50)

end_fill()

# 黄色三角形

color("yellow")

begin_fill()

goto(209,91)

goto(68,232)

goto(68,-50)

end_fill()

elif x==3:  # 开始绘制火箭

    # 箭尾，由平行四边形、正方形和两个三角形组成

    # 平行四边形
```

```
color("skyblue")
up()
goto(0,-200)
down()
begin_fill()
goto(0,-100)
goto(100,0)
goto(100,-100)
end_fill()
# 正方形
color("orange")
begin_fill()
goto(200,-100)
goto(200,0)
goto(100,0)
end_fill()
# 洋红色三角形
up()
goto(200,0)
down()
color("magenta")
begin_fill()
goto(271,-71)
goto(200,-141)
end_fill()
```

```
# 紫色三角形

color("purple")

begin_fill()

goto(271,-71)

goto(271,-212)

goto(200,-141)

end_fill()
```

箭身，由 3 个三角形组成

红色三角形

```
up()

goto(50,0)

down()

color("red")

begin_fill()

goto(50,200)

goto(250,0)

end_fill()
```

黄色三角形

```
color("yellow")

begin_fill()

goto(250,200)

goto(50,200)

end_fill()
```

草绿色三角形

```
color("lawngreen")
```

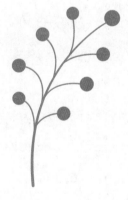

```
        begin_fill()

        goto(150,300)

        goto(250,200)

        end_fill()
elif x==4：  # 开始绘制树

        # 树干，由正方形和两个小三角形组成

        # 洋红色三角形

        up()

        goto(100,-200)

        down()

        color("magenta")

        begin_fill()

        goto(100,-300)

        goto(200,-300)

        goto(100,-200)

        end_fill()

        # 紫色三角形

        color("purple")

        begin_fill()

        goto(200,-200)

        goto(200,-300)

        goto(100,-200)

        end_fill()

        # 正方形

        color("orange")
```

```
begin_fill()

goto(100,-100)

goto(200,-100)

goto(200,-200)

end_fill()

# 三层枝叶，由3个三角形组成

# 红色三角形

up()

goto(9,-100)

down()

color("red")

begin_fill()

goto(291,-100)

goto(150,41)

goto(9,-100)

end_fill()

# 黄色三角形

color("yellow")

up()

goto(9,41)

down()

begin_fill()

goto(291,41)

goto(150,182)

goto(9,41)
```

```
        end_fill()
        # 草绿色三角形
        color("lawngreen")
        up()
        goto(50,182)
        down()
        begin_fill()
        goto(250,182)
        goto(150,282)
        goto(50,182)
        end_fill()
    else:  # 开始绘制鱼
        # 鱼头，由两个大三角形组成
        # 红色三角形
        up()
        goto(-100,0)
        down()
        color("red")
        begin_fill()
        goto(100,200)
        goto(100,0)
        goto(-100,0)
        end_fill()
        # 黄色三角形
        color("yellow")
```

```
begin_fill()
goto(100,-200)
goto(100,0)
goto(-100,0)
end_fill()
# 鱼身，由正方形和两个小三角形组成
# 洋红色三角形
up()
goto(100,50)
down()
color("magenta")
begin_fill()
goto(100,150)
goto(200,50)
goto(100,50)
end_fill()
# 正方形
color("orange")
begin_fill()
goto(200,50)
goto(200,-50)
goto(100,-50)
end_fill()
# 紫色三角形
color("purple")
```

```
begin_fill()

goto(100,-150)

goto(200,-50)

goto(100,-50)

end_fill()

# 鱼尾，由平行四边形和三角形组成

# 平行四边形

up()

goto(200,-50)

down()

color("skyblue")

begin_fill()

goto(300,-150)

goto(300,-50)

goto(200,50)

end_fill()

# 草绿色三角形

color("lawngreen")

begin_fill()

goto(300,150)

goto(300,-50)

goto(200,50)

end_fill()
```

2.3.2　运行程序

程序运行时会显示七巧板和一个数字输入框，如图 2-8 所示。

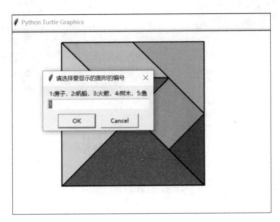

图 2-8　七巧板和数字输入框

如果在输入框里输入 1，则在七巧板右侧绘制房子，如图 2-9 所示。

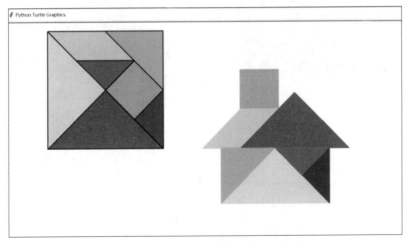

图 2-9　七巧板和房子

如果在输入框里输入 2，则在七巧板右侧绘制帆船，如图 2-10 所示。

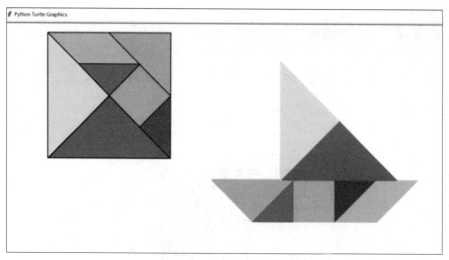

图 2-10 七巧板和帆船

如果在输入框里输入 3，则在七巧板右侧绘制火箭，如图 2-11 所示。

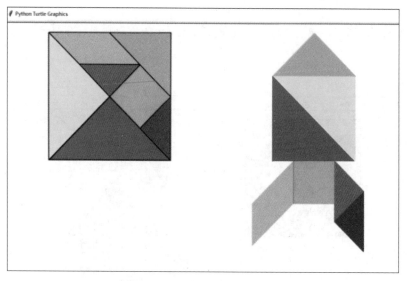

图 2-11 七巧板和火箭

如果在输入框里输入 4，则在七巧板右侧绘制树，如图 2-12 所示。

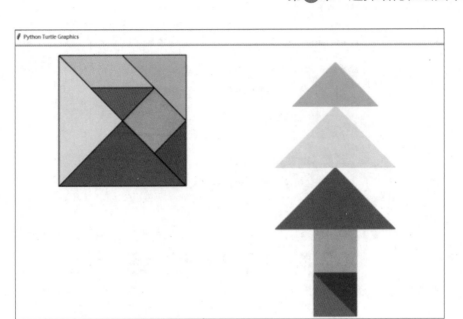

图 2-12　七巧板和树

如果在输入框里输入 5，则在七巧板右侧绘制鱼，如图 2-13 所示。

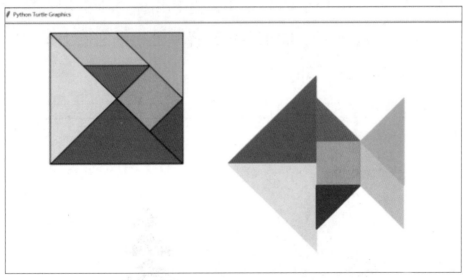

图 2-13　七巧板和鱼

如果在输入框里输入小于 1 或者大于 5 的数，则会有错误提示，如图 2-14 所示。

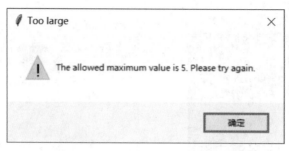

图 2-14　输入数据太大的提示

2.4　拓　展　训　练

如图 2-15 所示，在画布上绘制一间小房子和一棵树，然后弹出数据输入框，让用户在"上午、下午、晚上" 3 个时段中选择一个。如果用户选择上午，则在画布右上角绘制带着光芒的太阳，如图 2-16 所示；如果用户选择下午，则在左上角绘制太阳，如图 2-17 所示；如果用户选择晚上，则在右上角绘制月亮，并修改背景色，如图 2-18 所示。

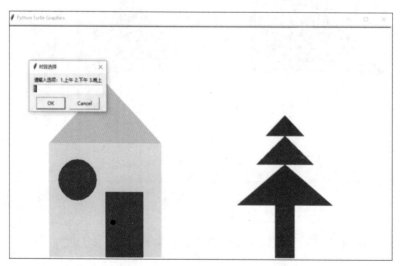

图 2-15　让用户选择时段

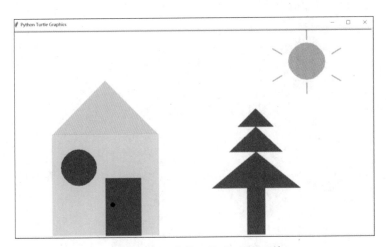

图 2-16　选择"1"的图像

图 2-17　选择"2"的图像

图 2-18　选择"3"的图像

第3章
循环绘制
图形

在自然界中，很多现象都周而复始地循环出现。如一年春、夏、秋、冬四季，就是按照顺序不断重复出现的；每周七天，从周日、周一、周二……直到周六，也是循环出现的。本章介绍第三种程序控制结构——循环结构，大家会发现原来循环可以如此简单！

3.1 问题描述

我们编写程序时，经常会遇到某些程序要多次运行的情况。例如绘制一个正方形，需要前进 - 右转 90 度 - 前进 - 右转 90 度 - 前进 - 右转 90 度 - 前进 - 右转 90 度，这个过程要重复 4 次，如果按照之前学习的顺序结构编写程序，就要用到 8 行语句完成。用循环语句编程，则只需要 3 行语句就可以绘制一个正方形。用语言来描述就是循环控制语句 - 前进 - 右转 90 度。

3.2 案例：太阳花

绘制如图 3-1 所示的太阳花图形，可以看出，在这个图形中，要反复执行绘制直线和转角的操作。

图 3-1　太阳花

3.2.1 编程前准备

循环：就是在给定的条件成立时反复执行某一程序段，被反复执行的程序段称为循环体。什么时候需要使用循环结构？我们先看看图 3-2，这是用 6 个圆组成的花瓣形状。

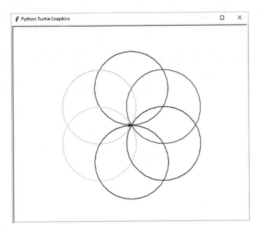

图 3-2 花瓣

我们来考虑下，如何编写程序绘制这个花瓣图形。第 1 章我们介绍过 turtle 库的 circle( ) 命令，可以用我们指定的半径画出一个圆，要画出 6 个圆，可以先绘制一个圆，然后旋转 60 度，再绘制一个圆……如下面代码所示。

```
from turtle import*
circle(100)
left(60)
circle(100)
left(60)
circle(100)
left(60)
```

```
circle(100)

left(60)

circle(100)

left(60)

circle(100)
```

是不是感觉这段代码重复的语句太多了？代码里 6 次调用 circle(100)，5 次调用 left(60)，如果能用循环语句循环执行代码，就可以简化这个程序了。接下来，我们将学习如何利用循环语句来重复执行代码。

3.2.1.1 循环结构流程图

循环结构流程图如图 3-3 所示。

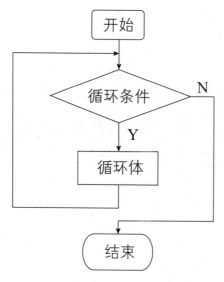

图 3-3 循环结构流程图

在循环结构中，首先判断循环条件，当条件值为 True 时，执行循环体，然后继续判断条件。如果条件值为 False，则不再执行循环体，退出循环。循环体执行的次数由循环条件来决定，如果第一次判断条件，条件值为 False，则循环体一次都不执行；如果循环条件值永远为 True，则会陷入无穷无尽的循环（死循环）。

3.2.1.2 for 语句实现循环

Python 提供了 for 语句用来实现循环，我们只要知道需要重复执行的语句以及重复执行的次数，就可以构建 for 语句了。语法格式如下：

```
for 变量 in 序列:
    循环体
```

例如：

```
for i in [1,2,3,4]:
    print(i)
```

程序执行后会分行输出 1、2、3、4 这 4 个数，说明 print(i) 这个语句被重复执行了 4 次，也就是说，for 语句会针对列表 [1,2,3,4] 中的每个元素重复执行一次循环体。当重复的次数很多时，要构建一个有多项元素的列表，书写很麻烦，所以，我们可以使用内置函数 range( ) 来简化这项工作。例如：

```
>>> list(range(3))
[0,1,2]
>>> list(range(1,3))
[1,2]
```

range( ) 函数可以很方便地创建一个数字序列，range(n) 可以生成序列 [0,1,2,…,n-1]；range(m,n) 可以生成序列 [m,m+1,m+2,…,n-1]。使用 range( ) 函数改写上面的 for 循环：

```
for i in range(1,5):

    print(i)
```

程序执行后依然会分行输出 1、2、3、4 这 4 个数。

例3.1 使用 for 循环生成图 3-2 所示的花瓣图形。

可以用 for 循环来帮助简化前面的代码：

```
from turtle import*

for i in range(6):

    circle(100)

    left(60)
```

这个版本的代码简短了很多，通过 for 语句让 circle(100) 和 left(60) 两个语句循环执行 6 次。这个程序和我们在第 1 章书写的程序有个明显的区别：circle(100) 和 left(60) 两个语句都缩进了。为了告诉计算机应该重复执行哪些语句，我们使用缩进来表示，需要重复执行的语句都要有同等的缩进。

例3.2 如果一个三位整数的各位数的立方和等于它本身，这个数就称为水仙花数，例如 $153=1^3+5^3+3^3$。请输出所有的三位水仙花数。

分析：要判断一个三位数是否是水仙花数，要先将这个数的个位、十位和百位一一分离出来，然后求立方和。如果 x 是一个三位整数，可用表达式 x%10 获取个位，用表达式 x//10%10 获取十位，用表达式 x//100 获取百位。

程序代码如下：

```
(1) for i in range(100,1000):

(2)     a=i%10
```

```
(3)        b=i//10%10
(4)        c=i//100
(5)        if(a**3+b**3+c**3==i):
(6)            print(i,end= ' ')
```

代码解释：

代码 1 表示从变量 i 的取值从 100 到 999，一共循环 900 次。

代码 2、3、4 分别求得变量 i 的个位、十位和百位存入变量 a、b 和 c。

代码 5 的选择条件是判断变量 a、b、c 的立方和是否等于变量 i 的值。运算符 ** 的功能是"次方"，例如表达式 x**y 表示 x 的 y 次方。

代码 6 的功能是输出变量 i 的值，后面跟一个空格。print 函数默认输出数据后会换行，可以将换行符更改为其他符号，可以通过参数设置来更改，如"end= '*'"，表示输出数据后跟一个"*"。

程序运行后输出：153 370 371 407。

3.2.1.3　while 语句实现循环

Python 还提供了 while 语句以实现循环结构。for 循环利用循环变量在一个序列中遍历来控制循环次数，使用起来很方便，但是功能有限。因为必须已知循环次数，才能构造一个序列供 for 循环遍历。但是，有时并不知道循环次数。例如，贪吃蛇游戏中，蛇前进的步数取决于玩家的游戏水平以及玩家的自身意愿，游戏的编写者事先不可能知道每次游戏时蛇前进的步数。这种事先无法确定循环次数的循环结构可以用 while 语句实现。

下面，我们将例 3.1 的程序用 while 语句实现。

```
from turtle import*                            from turtle import*
for i in range(6):     用 while 语句实现        i=0
    circle(100)                                 while i<6:
    left(60)                                        circle(100)
                                                    left(60)
                                                    i+=1
```

以上两个程序的功能完全相同，这是已知循环次数的循环结构，看起来用 while 语句实现会麻烦一点，但是对于未知循环次数的循环结构来说，只能选择 while 语句。while 语句后面紧跟着循环条件，每次循环时会先检查循环条件是否为真，如果条件满足，则执行循环体，否则退出循环。

例 3.3　修改例 3.1 的功能，原先是画出由 6 个圆组成的花瓣图形，现在改成每画一个圆之前都让用户在文本输入框里输入是否要继续画圆的选择，如果输入 "y"，则画出一个圆，然后角度左转 58 度（为了避免圆重叠，将 60 度改为 58 度），如果输入 "n"，则结束程序运行。

这是未知循环次数的循环结构，用 while 语句实现，程序代码如下：

```
(1) from turtle import*
(2) ans=textinput("请选择","还要继续吗？（y/n）").lower( )
(3) while ans=='y': #如果用户输入 "y"，则执行循环体
(4)     circle(100)
(5)     left(58)
```

(6)　　　ans=textinput("请选择","还要继续吗？（y/n）").lower( )

程序运行结果如图 3-4 所示。

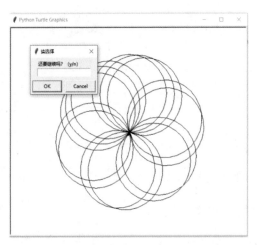

图 3-4　例 3.3 程序运行结果

代码解释：

代码 1 和代码 6 都用到了两个函数：textinput( ) 和 lower( )，下面介绍这库函数 textinput( ) 和内置函数 lower( )。

（1）textinput(title,Prompt information)

该函数的作用是弹出输入框，可以在输入框中输入数据，并将该数据作为字符串返回。有两个参数，分别为：

① title：输入框的标题；

② Prompt information：输入框的提示信息。

例如：ans=textinput(" 请选择 "," 还要继续吗？（y/n）")，代码执行后，会弹出一个函数功能：弹出文本输入框（如图 3-5 所示），可在输入框内输入字符串，并将该字符串返回。

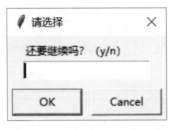

图 3-5　textinput 对话框

如果输入"y"，则函数 textinput( ) 的返回值为字符"y"，变量 ans 的值为"y"；如果输入"1"，则变量 ans 的值为字符"1"。也就是说，不论输入什么数据，都会返回字符型。

（2）字符串 .lower( )

这是字符型的操作函数，可以将一个字符串中的大写英文字母都转换为小写英文字母。例如："aBcD".lower( ) 的结果是"abcd"。程序中的语句"ans=textinput(" 请选择 "," 还要继续吗？（y/n）").lower( )"的作用是，用户输入大写字母"Y"或小写字母"y"，都可以被转换为小写字母"y"，并赋值给变量 ans，如果输入"N"或"n"，也是同样的情况。

代码 2 的作用是在输出第一个圆之前询问用户是否要继续，如果用户输入"y"，则代码 3 的循环条件为真，可以执行循环体，否则循环体一次都不执行。

代码 6 的位置在循环体内，作用是每输出一个圆后，询问用户是否继续，如果用户输入"y"，则代码 3 的循环条件为真，可以继续执行循环体，否则退出循环。

3.2.2　算法设计

程序流程如图 3-6 所示。

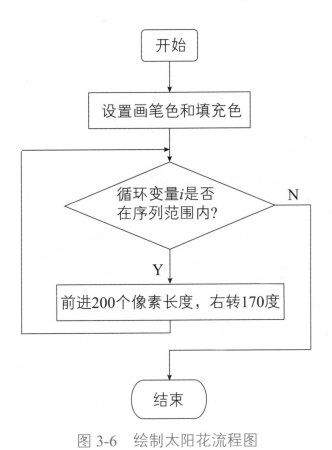

图 3-6 绘制太阳花流程图

3.3 编写程序及运行

绘制太阳花比较简单，根据流程图一步一步完成程序设计即可。程序运行时，我们可以感受到循环的魅力，通过循环执行画线和转角，就能呈现一朵美丽的太阳花。

3.3.1 程序代码

(1) from turtle import *

```
(2) speed(0)

(3) color('red',''yellow')

(4) begin_fill()

(5) for i in range(36):

(6)     forward(200)

(7)     right(170)

(8) end_fill()
```

代码解释：

代码 2 的作用是控制绘制的速度，speed( ) 函数的参数表示速度，最快：0，快：10，正常：6，慢：3，最慢：1。

代码 3 用到函数 color(Brush color, Fill color)。

有两个参数：

（1）Brush color：画笔色；

（2）Fill color：填充色，如果省略该参数，则填充色和画笔色相同。

代码 4 和代码 8 表示开始用填充色填充图形，以及结束填充。

代码 6 表示让海龟往前走 200 个像素长度。函数 forward(distance) 的作用是向当前画笔方向移动 distance 像素长度。

代码 7 表示让海龟的方向右转 170 度。

3.3.2 运行程序

同学们在调试程序过程中，时刻注意 Python 中语法格式

的重要性，该缩进时必须缩进，要学会自己检查程序，排除 bug。绘图结果如图 3-1 所示。

3.4 拓展训练

1. 绘制螺旋线，如图 3-7 所示。

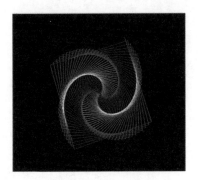

图 3-7　螺旋线

2. 绘制彩色风车，如图 3-8 所示。

图 3-8　彩色风车

第4章
循环嵌套在
绘图中的应用

　　循环嵌套是程序中常用的一种方法。所谓嵌套循环，就是一个外循环的主体部分是内循环，内嵌的循环里还可以嵌套循环。内循环或外循环可以是任何类型，如 while 循环或 for 循环。如外部 for 循环可以包含一个 while 循环，反之亦然。外循环可以包含多个内循环，循环链没有限制，中途可以用 break 退出循环。

　　在嵌套循环结构中，迭代次数将等于外循环中的迭代次数乘以内循环中的迭代次数。在外循环的每次迭代中，内循环都要执行其所有迭代。

4.1 问题描述

朋友之间表达情谊有很多种方法，在学生时代，通常会送一份精心设计的贺卡，表达自己的心意。本章将利用循环嵌套多次绘制爱心贺卡。外循环控制绘画次数，内循环控制每次绘画爱心的个数。同学们可以在案例基础上加入自己的设计，让这份贺卡更具特色。

4.2 案例：爱心贺卡

利用循环的嵌套，编程实现效果如图 4-1 所示的爱心贺卡，要求：当用户输入"y"（yes）时，持续在随机色彩的背景屏上画出 50 个颜色、大小、位置均随机的心形，直到用户输入"n"（no）时，画图结束。

图 4-1　爱心贺卡

4.2.1　编程前准备

1. 循环嵌套

循环嵌套：就是在循环结构里又包含循环结构，可以多层嵌套。外部的循环称为外循环，包在内部的循环称为内循环。循环结构和选择结构也可以互相嵌套。例如，下面第一个结构是两层循环嵌套，第二个是三层循环嵌套：

```
(1) for i in range(1,10):    (2) for i in range(1,10):
     for j in range(1,100):        for j in range(1,100):
              ⋮                          for k in range(1,100):
                                              ⋮
```

下面举例说明二层循环嵌套和三层循环嵌套。

例 4.1　有 100 匹马驮 100 担货，已知 1 匹大马驮 3 担，1 匹中马驮 2 担，2 匹小马驮 1 担，每种马都要有，输出一共有几种方案。

用三层循环嵌套实现的程序代码如下：

```
n=0 # 变量 n 用来统计共有几种方案
for i in range(1,100): # 变量 i 表示大马的数量
    for j in range(1,100): # 变量 j 表示中马的数量
        for k in range(1,100): # 变量 k 表示小马的数量
            # 满足马的数量和货的数量都是 100
            if 3*i+2*j+k/2==100 and i+j+k==100:
                n+=1;
print("共 %d 种方案。"%n)
```

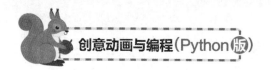

程序运行输出结果为：共 6 种方案。此程序外层循环 99 次，表示大马的数量分别从 1 到 99 逐一尝试；中间层循环 99 次，表示当大马数量为 i 时，中马的数量分别从 1 到 99 逐一尝试；内层循环 99 次，表示当大马数量为 i、中马数量为 j 时，小马的数量从 1 到 99 逐一尝试。内层循环体一共执行了 99×99×99 次，如图 4-2 所示。

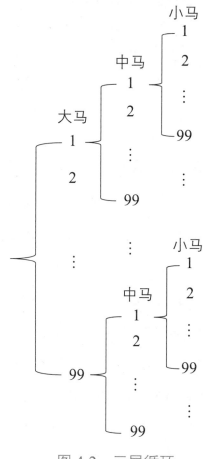

图 4-2　三层循环

用二层循环嵌套实现的程序代码如下：

```python
n=0 #变量 n 用来统计共有几种方案

for i in range(1,100): #变量 i 表示大马的数量
```

```
for j in range(1,100): #变量j表示中马的数量

k=100-i-j #变量k表示小马的数量，此语句保证马的数量是100

if 3*i+2*j+k/2==100: #满足货的数量为100担

    n+=1;
```
print("共%d种方案。"%n) #%d表示按照十进制整数形式输出变量n的值

　　程序运行输出结果为：共 6 种方案。该程序外层循环 99 次，表示大马的数量分别从 1 到 99 逐一尝试；内层循环 99 次，表示当大马数量为 i 时，中马的数量分别从 1 到 99 逐一尝试。在内层循环体里根据马的数量为 100 这个前提条件，求出小马的数量为 k，并判断是否满足货的数量为 100 担这个条件。内层循环体共执行了 99×99 次，由此可见，二层循环结构的执行效率要高于三层循环结构。

　　2. random 库

　　贺卡的背景色和画笔色都是随机获取的，爱心的大小和坐标也都是随机生成的，所以要完成这张爱心贺卡，我们要先引入 Python 的 random 库，import random 或者 from random import* 都可以导入 random 库的所有函数。

　　Python 的 random 库主要用于生成随机数，该库提供了不同类型的随机数函数，下面介绍两个我们需要使用的函数：

　　（1）choice(seq)

　　seq 可以是一个列表、元组或字符串，该函数的功能是从一个列表、元组或字符串中随机抽取一个元素作为返回值。例如：

```
col=("red","green","blue")

pencolor(choice(col))
```

该代码段的功能是从元组 col 中随机抽取一个元素作为画笔色设置函数 pencolor( ) 的函数，也就是说，画笔色是"红、绿、蓝"中的某一种颜色。

（2）randint(a,b)

a 和 b 是两个整型数，该函数的功能是随机生成 [a,b] 的一个整数。例如：

```
x=randint(1,100)
```

该语句的功能是随机生成一个 [1,100] 的整数，并赋值给变量 x。

3. turtle 库

（1）window_width( ) 和 window_height( )

这两个函数的功能是返回当前画布的宽度和高度，以像素为单位。

（2）write(arg,move=False,align="left",font=("Arial",20,"bold"))

该函数的作用是在画布里输出文本，有如下几个参数：

① arg：是要在画布上打印的参数；

② move：打印下一个数据时是否需要移动，该参数可缺省，默认是不移动的；

③ align：打印文本的排版效果，该参数可缺省，默认是左对齐；

④ font：文本的字体，第一个是字体类型，第二个是字号

大小，第三个是字体修饰，例如正常（normal）、加粗（bold）、倾斜（tilt）等。

例如：write(chr(10084),font=(" 黑体 ",randint(20,50),"bold"))

在画布中会输出爱心 '♡'，爱心的 Unicode 编码是 10084，chr(10084) 表示将编码 10084 转换为字符型。

4. 列表

列表是一个有序序列，没有长度限制，可以包含 0 个或多个对象，可以增加、删除或修改元素，元素类型可以不同，使用非常灵活。本章的案例里用列表来存放多种颜色。下面是列表的定义举例：

s=[1,2,3]

则 s 为一个有 3 个元素的列表，每个元素都是整型数。

s=['are','you','she']

则 s 为一个有 3 个元素的列表，每个元素都是字符串。

s=[1,'a',2.3,True]

则 s 为一个有 4 个元素的列表，元素类型分别是整型、字符型、实型、逻辑型。

列表中每个元素都有自己的位置编号（又称索引或下标），例如：

正向索引	0	1	2	3
	1	a	2.3	True
逆向索引	−4	−3	−2	−1

正向索引从左往右从 0 开始依次递增，逆向索引从右往左从 −1 开始依次递减。可以通过索引来引用列表元素，例如，s[0] 就

是整数 1，s[1] 就是字符 'a'。

4.2.2 算法设计

爱心贺卡流程图如图 4-3 所示。

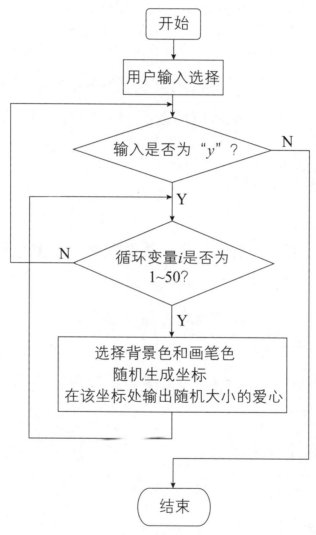

图 4-3 爱心贺卡流程图

4.3 编写程序及运行

编程出现错误是正常的，每个程序都要经历反复调试、优化，最终实现理想的效果。出现问题就找出问题所在，想办法解决，我们要不断提升自己的信息素养，尽量减少错误的发生，一旦出现了错误，也不要着急，仔细检查、冷静分析才能快速解决问题。

4.3.1 程序代码

```
from turtle import*
from random import*
colors=["red","AliceBlue","brown3","chocolate3","DodgerBlue",
"gold3","GreenYellow","green","yellow","HotPink","ma-
roon2","orange","pink","purple2","OliveDrab","Spring-
Green"]
    #列表colors的元素是贺卡里需要的颜色
speed(0)    #绘图速度提高到最快
#让用户在输入框中输入选择
ans=textinput("请选择"," 还要继续吗？（y/n）").lower()
while ans=="y":    #外循环：当用户输入"y"，则继续输出50颗爱心
    for i in range(50):    #内循环，输出50颗爱心
```

```
    pencolor(choice(colors))    # 随机选择画笔色
    bgcolor(choice(colors))     # 随机选择背景色
    penup()
    x=randint(-window_width()//2,window_width()//2)
# 生成随机坐标
    y=randint(-window_height()//2,window_height()//2)
    goto(x,y)
    pendown()
    write(chr(10084),font=("黑体",randint(20,50),"bold"))
# 输出随机大小的爱心
    ans=textinput("请选择","还要继续吗？（y/n）").lower()
# 继续让用户选择
```

4.3.2 运行程序

运行程序时，用户需要选择是否要继续绘制，如果在文本框中输入 "y"，则继续输出 50 颗爱心，如果输入 "n"，则停止程序的运行。

4.4 拓展训练

绘制一个大五角星，五角星的 5 条边分别由 15 个小五角星构成，如图 4-4 所示。

图 4-4　由小五角星组成的大五角星

第 5 章
利用自定义
函数绘制图形

目前为止，我们已经学习了很多内置函数、库函数，有了这些函数，让编程变得简洁。只要调用函数，就可以实现相应的功能，而不需要自己编写代码实现该功能。但是，有时我们需要的功能并没有现成的函数能实现，这就需要我们自定义函数。本章介绍自定义函数的定义和调用。

5.1 问 题 描 述

自定义函数可以让程序层次分明，自定义函数还可以实现特殊的功能，并可以多次调用，让程序变得简洁，通俗易懂。例如绘制镜像图案的案例，我们先将在随机位置画出一个随机大小的螺旋图形这个功能封装成一个函数，然后通过多次调用就可以实现类似图 5-1 的图案。

5.2 案例：镜像图案

利用自定义函数，编程实现效果如图 5-1 所示的镜像图案，要求：在第一象限的随机位置画出 10 个随机大小的螺旋图形，每画一个螺旋时，实现镜面反射效果，将第一象限的图形在另外 3 个象限反射画出。将在随机位置画出一个随机大小的螺旋图形这个功能封装成一个函数。

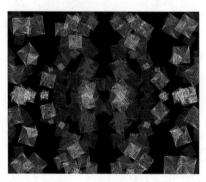

图 5-1 镜像图案

5.2.1 编程前准备

目前为止，我们已经调用了很多函数。例如当我们需要从键盘输入数据时，会调用 input( ) 函数；当我们需要生成随机整数时，会调用 randint( ) 函数。有了这些函数，我们无须自己编程即可实现这些功能，可以大大简化程序。这些函数中，有的是 Python 的内置函数，有的是库函数。如果我们需要实现的功能，找不到已有的函数来实现，是否可以自己编写函数来实现？当然可以，下面就来学习如何编写自定义函数来做任何我们想做的事情。

1. 函数的定义和调用

函数：完成特定功能的一个语句组，通过调用函数来完成语句组的功能。

图 5-2 是我们熟悉的数学函数，我们通过该函数的定义和调用让大家更容易地理解函数定义和调用中的几个名词术语。

函数的定义：用代码实现相对独立的功能。

函数的调用：通过函数名使用已定义好的函数功能。

形式参数：在定义函数时，函数名后面括号中的参数为"形式参数"，简称形参。函数可以有参数，也可以无参数，如函数 goto(x,y) 有 2 个参数，函数 penup( ) 就是无参函数。

实际参数：在调用函数时，函数名后面括号中的参数为"实际参数"，就是函数的调用者提供给函数的参数，简称实参。在调用有参函数时，可以在函数名后的括号中加入实参。

函数的返回值：函数调用后的执行结果，可以通过 return

返回给函数的调用者。函数可以有返回值,也可以无返回值,如函数 input( ) 的返回值是从键盘输入的数据,而函数 print( )则无返回值。

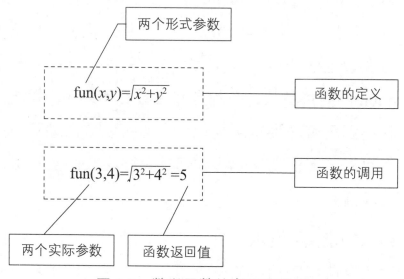

图 5-2　数学函数的定义和调用

函数定义的格式:

```
def    函数名 ( ［形参列表］)
       内部变量定义和声明部分
       执行语句
如: def ave(a,b):
       return (a+b)/2
```

函数名和变量名一样,可以自行命名,满足 Python 的命名规则就行。

函数定义后,并不被执行,只有当该函数被调用时,程序才转到函数去执行。

函数调用的格式:

```
函数名（［实参列表］）
```

如：ave(3,5)

　　例 5.1　无参无返回值函数的定义和调用——输出两个数的最大值。

```
def fun( ): #定义函数 fun
    x=eval(input( ))
    y=eval(input( ))
    m=x if(x>y) else y
    print("最大数是 ",m)
fun( ) #调用函数 fun( )
```

　　程序说明：

　　程序的前5行是函数 fun( ) 的定义，第6行是调用函数 fun( )。

　　（1）def fun( ): 是函数头部，注意后面有冒号。从空括号可以看出该函数没有参数。

　　（2）第 2~5 行都缩进了 4 格，是函数的执行语句部分。该函数的功能是从键盘输入两个数，并分别赋值给变量 x 和 y，最后输出两个数的最大值。函数定义后，并没有马上执行。

　　（3）这个程序的主程序部分只有一句代码，就是 fun( )。整个程序的运行从主程序 fun( ) 开始，因为这句代码是函数的调用，所以转去执行函数 fun 的执行语句部分，执行完毕后返回调用点。如果没有主程序中的这条调用语句，函数 fun 不会被执行。

　　例 5.2　有参无返回值的函数的定义和调用——输出两个数的最大值。

```
def fun(x,y):
    m=x if(x>y) else y
    print("最大数是",m)
a=eval(input( ))
b=eval(input( ))
fun(a,b)
```

程序说明：

（1）从函数头部 fun(x,y) 可以看出该函数有两个形参，也就是说，运行该函数时需要调用者提供两个数据。在函数执行语句部分，并没有像例5.1那样输入变量 x 和 y 的值，而是直接使用形参 x 和 y 的值，也就是说运行该函数时，形参 x、y 是有确定值的变量。

（2）主程序有3句代码，分别是输入变量 a、b 的值，以及调用函数 fun。调用时括号里有两个实参 a 和 b，a、b 是两个有确定值的变量，实参 a 的值传递给形参 x，实参 b 的值传递给形参 y。

（3）整个程序从主程序开始运行，当执行到 fun(a,b) 时，转去执行函数 fun，并且传递了两个参数。执行完毕后返回调用点。

例5.3　有参有返回值的函数的定义和调用——输出两个数的最大值。

```
def fun(x,y):
    m=x if(x>y) else y
    return m
```

```
a=eval(input( ))
b=eval(input( ))
c=fun(a,b)
print('最大数为：',c)
```

程序说明：

（1）该程序的 fun 函数和例 5.2 不同之处在于，函数中并没有直接输出最大数，而是通过 return 语句将最大数返回给调用者。

（2）主程序中函数 fun 的调用和例 5.1、例 5.2 都不同，在 fun(a,b) 之前加上了"c="，表示调用完函数后，将函数的返回值赋值给变量 c。

（3）整个程序从主程序开始运行，当执行到 c=fun(a,b) 时，转去执行函数 fun，并且传递了两个参数。执行完毕后返回调用点，并带回返回值。

以上 3 个程序的运行情况一样，如下：

```
5
8
最大数为： 8
```

从以上 3 个程序可以看出，在包含自定义函数的程序中，函数的定义都放在调用前面，因为只有这样，自定义函数才能被正确调用。如果将例 5.3 的函数定义和调用顺序颠倒，如下：

```
a=eval(input( ))
b=eval(input( ))
c=fun(a,b)
```

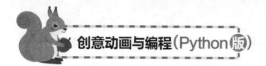

```
print('最大数为: ',c)

def fun(x,y):

    m=x if(x>y) else y

    return(m)
```

程序运行结果:

```
5

8

Traceback (most recent call last):

    File "C:\Users\12066\Desktop\pytest\1.py", line 4, in
<module>

    c=fun(a,b)

NameError: name 'fun' is not defined
```

从错误信息可以看出，执行到语句 c=fun(a,b) 时，无法识别函数名 fun。

2. 关于形参和实参的说明

（1）函数未被调用时，形参在内存中并不真实存在，只有在发生函数调用时，形参才被分配内存单元（与实参是不同的存储单元），并将实参的值传递到形参中。在执行被调函数的过程中，形参的值可以改变，但是与实参无关。函数调用结束后，形参的存储单元被释放，也就是说，形参只有在函数被调用期间才"活着"。

（2）实参可以是常量、变量或者表达式，例如：

```
fun(1,2)

fun(a,b)
```

```
fun(1,a+b)
```

在函数调用时，实参必须有确定的值。

（3）参数的传递是单向的，只能是实参传值给形参。在 Python 中，参数传递可以是值传递，也可以是引用传递。本书的所有例题和习题只涉及值传递，对于引用传递不予详解。

例 5.4 画出两个五角星。

```
from turtle import*
def fivePS(side): #画出边长为 side 的五角星
    for i in range(5):
        left(72)
        forward(side)
        right(144)
        forward(side)
    side=200 #修改形参 side 的值为 200
x=50
up( )
goto(-200,0)
down( )
fivePS(x) #调用 fivePS 函数，实参为 x，画出边长为 50 的五角星
up( )
goto(0,0)
down( )
fivePS(x) #调用 fivePS 函数，实参为 x，画出边长为 50 的五角星
```

程序运行说明：

（1）程序从主程序开始执行，也就是从 x=50 这句代码开始。

（2）第一次调用函数 fivePS(x) 时，实参 x 值为 50，程序转去执行函数，画出边长为 50 的五角星。同时，在函数里将形参 side 的值改为 200，随后返回调用点。

（3）第二次调用函数 fivePS(x) 时，实参 x 的值是保持不变，依然为 50，还是被改成了 200 呢？前面讲过，参数的传递是单向的，实参传给形参，不能回传，所以虽然形参 side 的值被修改，但与实参 x 无关，x 还是 50。第二次画出的五角星边长也是 50。运行结果如图 5-3 所示。

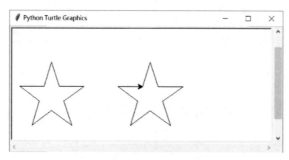

图 5-3　两个五角星

3. 关于返回值的说明

（1）函数可以有返回值，也可以没有。函数的返回值是通过函数中的 return 语句传递给调用者。

（2）return 语句的语法格式如下：

```
return [常量/变量/表达式]
```

return 后面加个空格，空格后可以是常量、变量或者表达式等；或者 return 后面加个圆括号，括号里同样可以是常量、变量或者表达式等。例如：

```
return 1 或 return(1)

return x 或 return(x)

return 1+x 或 return(1+x)
```

（3）函数可以返回一个值，也可以返回多个值。所谓返回多个值，实际上是返回一个序列类型的数据，例如：

```
def f( ):

    return 1,2,3
```

函数 f 返回了 3 个数，实际上是返回了一个有 3 个元素的元组 (1,2,3)。

5.2.2 算法设计

主程序流程图如图 5-4 所示。

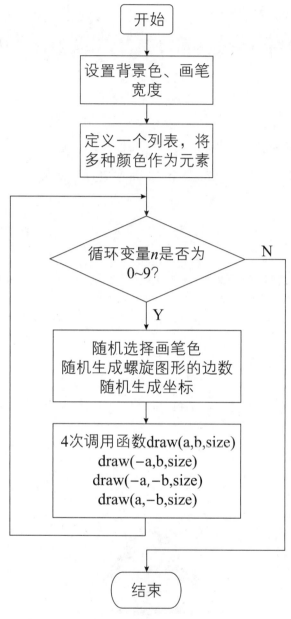

图 5-4 主程序流程图

函数 draw(x,y,s) 流程图如图 5-5 所示。

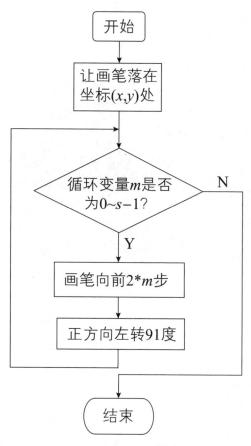

图 5-5　draw 函数流程图

5.3　编写程序及运行

5.3.1　程序代码

```
from turtle import *
from random import *
bgcolor("black") #背景色设为黑色
```

```
colors=["red","yellow","blue","pink","green","pur-
ple","orange"] # 供选择的颜色
pensize(2)
speed(0)  # 画图的速度设置为最快
# 函数功能：在坐标 (x,y) 处画出由 s 条边组成的螺旋图形
def draw(x,y,s):
     penup()
     setpos(x,y)
     pendown()
     for m in range(s):
          forward(m*2)
          left(91)
for n in range(10):
     pencolor(choice(colors))  # 在列表 colors 中随机选择一种颜色
     size=randint(10,40)  # 生成一个 [10,40] 的随机整数
     # 随机生成第一象限的 x 坐标
     a=randrange(0,window_width()//2)
     # 随机生成第一象限的 y 坐标
     b=randrange(0,window_height()//2)
     # 调用函数，在第一象限画出由 size 条边组成的螺旋图形
     draw(a,b,size)
     # 调用函数，在第二象限画出由 size 条边组成的螺旋图形
     draw(-a,b,size)
     # 调用函数，在第三象限画出由 size 条边组成的螺旋图形
     draw(-a,-b,size)
```

\# 调用函数，在第四象限画出由size条边组成的螺旋图形

draw(a,-b,size)

5.3.2 运行程序

程序从主程序开始运行，也就是从第一句代码bgcolor ("black")开始，按顺序执行到代码speed(0)后，接下来执行for循环。

在循环体内调用函数draw，则转去执行该函数，并将坐标和螺旋图形的边数传给形参，在第一象限画出一个螺旋图形，返回主程序中的调用点。

随后继续调用函数draw，又转去执行该函数。在每次循环中一共调用4次函数，在4个象限画出螺旋图形。

5.4 拓展训练

重新编写程序实现第3章的拓展训练题，要求：编写一个函数实现绘制小五角星的功能，调用该函数来绘制大五角星。

第 6 章
递归函数在
绘图中的应用

第 5 章我们学习了自定义函数的定义和调用，我们常见到的情况是一个函数调用其他函数。除此之外，函数还可以自我调用，这种类型的函数称为递归函数。

6.1 问题描述

从前有座山，山里有座庙，庙里有个老和尚，老和尚正在给小和尚讲故事，故事是什么呢？从前有座山，山里有座庙，庙里有个老和尚，老和尚正在给小和尚讲故事！故事是什么呢……

这也许是最经典（口耳相传）的童谣了，充分展现了自然语言的魅力及其无限可能性，可以永远以这种递归的方式继续下去……这就是典型的递归思想，我们可以设定调用的次数，当达到调用次数，递归调用就结束了。

6.2 案例：谢尔平斯基三角形

谢尔平斯基三角形（Shelpinski triangle）是一种分形，具有自相似的性质，由波兰数学家谢尔平斯基在 1915 年提出。

谢尔平斯基三角形使用了三路递归算法，从一个大三角形开始，通过连接每个边的中点，将大三角形分为四个三角形，然后忽略中间的三角形，依次对其余三个三角形执行上述操作，如图 6-1 所示。

图 6-1　谢尔平斯基三角形

6.2.1　编程前准备

第 5 章我们学习了在自定义函数里调用库函数，例如 print( )，那么，一个自定义函数能否调用其他自定义函数呢？答案是当然可以。函数的定义是相互独立的，函数和函数之间可以互相调用，而且，函数还可以自己调用自己，也就是递归调用。

函数的递归调用示意如下：

```
def fun(n):
    …
    a=fun(m)
    …
```

当函数 fun 被调用时，又会调用到 fun 函数，这就是递归调用。对于有递归特性的问题，用递归方法处理，可能会使问题简单化。

例 6.1　用递归方法求 $n!$（$n \geqslant 0$）。

$$n! = 1 \times 2 \times 3 \times \cdots \times n$$

$$= 1 \times 2 \times 3 \times \cdots \times (n-1) \times n$$

$$= (n-1)! \times n$$

根据以上分析，如果定义一个函数 fac(n) 用来求 n 阶乘，则

```
fac(n)=fac(n-1)×n
```

这是一个递归式，在调用 fac(n) 的过程中又调用到了 fac(n-1)。函数 fac 自己调用自己，只是参数不同而已。以 n=5 为例，来看看 fac 函数的调用过程：

```
fac(5)=fac(4)×5

fac(4)=fac(3)×4

fac(3)=fac(2)×3

fac(2)=fac(1)×2

fac(1)=fac(0)×1
```

如果继续递归调用，会出现 fac(-1)，参数不符合 $n \geqslant 0$ 的要求了，所以不能无休止地递归调用，必须为这个递归调用找到一个出口，也就是停止递归的条件。当 n 为 0 或者 1 时，n!=1，这就是递归的出口，所以：

$$fac(n)= \begin{cases} fac(n-1)×n &,(n>=2) \quad 递归式 \\ 1 &,(n-1或n=0) \quad 结束递归的条件 \end{cases}$$

一个问题，只要能用递归式来描述，并且有结束递归的条件，就可以用递归的方法求解。

递归函数 fac 定义如下：

```python
def fac(n):
    if n==0 or n==1:
        c=1
    else:
        c=fac(n-1)*n
    return c
```

如果要输出 5！，利用递归函数求解的完整程序如下：

```
def fac(n):
    if n==0 or n==1:
        c=1
    else:
        c=fac(n-1)*n
    return c
print("5!=",fac(5))
```

程序运行结果为：

```
5!=120
```

程序运行分析：

（1）首先从主程序开始运行，主程序只有一句代码"print("5!=",fac(5))"，调用到 fac 函数，转去执行该函数，实参为 5，这是第一次调用函数。

（2）在运行函数 fac(5) 时，遇到代码"c=fac(n–1)*n"，于是第二次调用函数 fac，实参为 4。

（3）在运行函数 fac(4) 时，遇到代码"c=fac(n–1)*n"，于是第三次调用函数 fac，实参为 3。

（4）在运行函数 fac(3) 时，遇到代码"c=fac(n–1)*n"，于是第四次调用函数 fac，实参为 2。

（5）在运行函数 fac(2) 时，遇到代码"c=fac(n–1)*n"，于是第五次调用函数 fac，实参为 1。

（6）在运行函数 fac(1) 时，遇到代码"if n==0 or n==1:c=1"，所以不再递归调用，返回上一层调用点，也就是函数 fac(2)，并带回返回值 1。

（7）在 fac(2) 中，将返回值 1 乘以 2，继续返回上一层调用点，也就是函数 fac(3)，并带回返回值 2。

（8）在 fac(3) 中，将返回值 2 乘以 3，继续返回上一层调用点，也就是函数 fac(4)，并带回返回值 6。

（9）在 fac(4) 中，将返回值 6 乘以 4，继续返回上一层调用点，也就是函数 fac(5)，并带回返回值 24。

（10）在 fac(5) 中，将返回值 24 乘以 5，得到 120，返回主程序中的调用点。

函数调用的过程如图 6-2 所示。

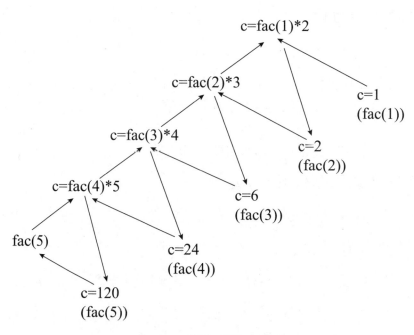

图 6-2　递归调用示例

综上所述，要求 5！，一共要调用 5 次 fac 函数，从 fac(5) 到 fac(1)，又从 fac(1) 到 fac(5) 一次次地返回上一层调用点。

例 6.2　用递归方法求解斐波那契数列前 20 项。

斐波那契数列：1,1,2,3,5,8,13,21,34,55,…，数列的第 1、2

项都为 1，从第 3 项开始每一项都是前两项的和。根据这个特性，求解该数列可以用如下递归公式表示：

$$fib(n) = \begin{cases} fib(n-1)+fib(n-2) & (n>2) \\ 1 & (n=1 \text{ 或 } n=2) \end{cases}$$

程序代码如下：

```
def fib(n):
    if n==1 or n==2:
        f=1
    else:
        f=fib(n-1)+fib(n-2)
    return f
for i in range(1,21):  # 输出数列前 20 项
    print("%10d"%(fib(i)),end='')  # 每一项数据都占 10 列
    if i%5==0:  # 每输出 5 项，换一行
        print( )
```

程序运行结果如下：

```
         1         1         2         3         5
         8        13        21        34        55
        89       144       233       377       610
       987      1597      2584      4181      6765
```

这个简单的程序运行时间很短，一眨眼的功夫就可以看到运行结果。但是如果把这个程序的循环次数改成 40 次，也就是输出斐波那契数列前 40 项，计算程序运行时间，我们会发现，居然要 1 分 22 秒才能完成。看似简单的计算，计算机为什么

要算这么久？因为用递归的方法求解斐波那契数列，要多次调用函数 fib，随着参数 n 的增大，调用次数呈指数级增长。每次递归调用 fib 函数，都要调用 2 次该函数，输出前 20 项，要调用 2^{20} 次，约为 1 百万次，输出前 40 项，要调用 2^{40} 次，约为 1 万亿次，所以输出前 40 项要比前 20 项慢得多。所以递归函数虽然简单，但是运行时间长，效率太低。

6.2.2 算法设计

绘制谢尔平斯基三角形的步骤如下。

（1）取一个实心的三角形（一般使用等边三角形）。

（2）沿三边中点的连线，将它分成四个小三角形。

（3）挖掉中间的那个小三角形。

（4）对其余三个小三角形重复步骤（2）~（4）。

这是一个很有意思的图形，重复多次操作后（每挖掉一个中心三角形算一次操作）得到的谢尔平斯基三角形，每个局部放大都和整体图形一模一样。本节我们通过递归算法来绘制谢尔平斯基三角形。

1. 递归函数 Shelpinski

从绘制谢尔平斯基三角形的步骤可以看出，绘制过程是递归调用的过程。递归调用必须有结束的条件，规定重复调用的次数可以让函数不会无休止地递归。重复的次数为 n（$n>0$），每次递归调用时次数减 1，直到次数为 1，则不再递归调用。所以，如果用函数 Shelpinski 来实现绘制谢尔平斯基三角形的功能，该函数除了需要大三角形的三个顶点坐标以外，还需要重复的

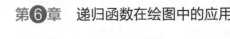

次数作为函数的参数。接下来，用伪代码来描述该函数：

```
# 列表ver存放大三角形的顶点坐标，n是重复的次数
def Shelpinski(ver,n):
    根据列表ver的值画出大三角形，可以用黑色填充
    取出三条边的中点坐标，存入一个列表mid
    根据列表mid的值画出中心三角形，可以用白色填充，表示"挖掉"
    如果n>0:
        Shelpinski(左下角小三角形三个顶点坐标,n-1)
        Shelpinski(上方小三角形三个顶点坐标,n-1)
        Shelpinski(右下角小三角形三个顶点坐标,n-1)
```

根据参数 n 取值不同，分析函数调用情况：

（1）如果参数 n 为 1，函数只调用 1 次，挖掉中心三角形后不会再递归调用，而是返回调用点，画出的 1 阶 Shelpinski 三角形如图 6-3 所示。

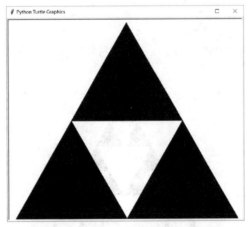

图 6-3 1 阶 Shelpinski 三角形

（2）如果参数 n 为 2，函数调用 4 次。第 1 层调用 1 次 Shelpinski(顶点坐标 ,2)；第 2 层调用 3 次，Shelpinski(顶点坐

标,1)、Shelpinski(顶点坐标,1)和Shelpinski(顶点坐标,1)，当然顶点坐标是不相同的。画出的2阶Shelpinski三角形如图6-4所示。

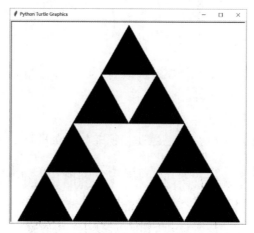

图 6-4　2阶Shelpinski三角形

（3）如果参数n为3，函数调用13次。第1层调用1次Shelpinski(顶点坐标,3)；第2层调用3次，Shelpinski(顶点坐标,2)、Shelpinski(顶点坐标,2)和Shelpinski(顶点坐标,2)；第3层调用9次Shelpinski(顶点坐标,1)，当然顶点坐标是不相同的。画出的3阶Shelpinski三角形如图6-5所示。

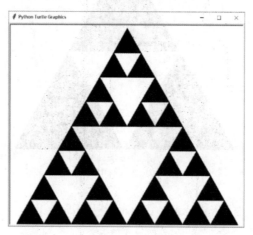

图 6-5　3阶Shelpinski三角形

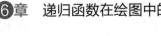

2. 绘制三角形的函数 triangle

在函数 Shelpinski 中，需要画两个三角形，分别是外层三角形和中心三角形，一个用黑色填充，另一个用白色填充。为了减少代码重复，可以编写一个函数 triangle 来实现绘制三角形的功能。该函数除了需要三角形的顶点坐标以外，还需要填充色作为参数。用伪代码来描述该函数：

```
# 参数 vertex 存放顶点坐标，color 是填充色
def triangle(vertex,color):
    设置填充色
    抬起画笔，移动到三角形一个顶点，然后再放下
    根据顶点坐标，画出三角形，并填充颜色
```

3. 取中点坐标的函数 midpoint

在函数 Shelpinski 中，需要取出三条边的中点坐标，同样为了减少代码重复，可以编写一个函数 midpoint 来实现该功能。该函数很简单，只需要两个点的坐标作为参数。用伪代码来描述该函数：

```
def midpoint(p1,p2):# 参数 p1 和 p2 各存放一个点的坐标
    return p1 和 p2 两个点的中点坐标
```

4. 二维列表

在前面的章节，简单介绍过列表这种数据类型。有一维列表、二维列表和多维列表，前面使用过一维列表，在这个案例里，我们可以用二维列表来存放三角形顶点坐标。例如，3 个顶点坐标分别为 (-300,-260)、(0,260) 和 (300,-260)，如果用一维列表 ver 存放：

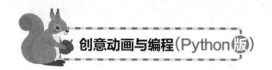

ver= [–300,–260,0,260,300,–260]

则通过列表来引用三个点的坐标分别为 (ver[0],ver[1])、(ver[2],ver[3]) 和 (ver[4],ver[5])。

为了能更形象地表示"–300,–260,0,260,300,–260"这组数据分别是三个点的 x、y 坐标，我们可以采用二维列表。所谓二维列表，就是列表的元素还是列表。三个顶点的坐标如果用二维列表 apex 存放：

apex=[[–300,–260],[0,260],[300,–260]]

如果把列表 apex 看成一维列表，它有 3 个元素，都是列表，apex[0] 是 [–300,–260]，apex[1] 是 [0,260]，apex[2] 是 [300,–260]。如果把 apex 看成二维列表，它有 6 个元素，apex[0][0] 是 –300，apex[0][1] 是 –260，apex[1][0] 是 0，apex[1][1] 是 260，apex[2][0] 是 300，apex[2][1] 是 –260。要引用二维列表的元素需要两个下标，即行下标和列下标，二维列表可以看成 n 行 m 列的矩阵，例如，apex 是 3 行 2 列的矩阵。

各个函数的流程图如图 6-6~ 图 6-8 所示。

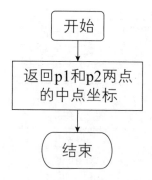

图 6-6　函数 midpoint 流程图

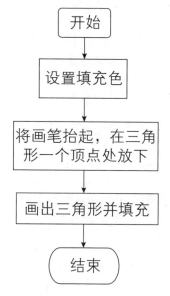

图 6-7　函数 triangle 流程图

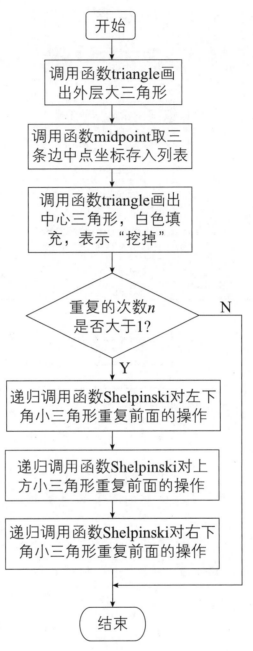

图 6-8　函数 Shelpinski 流程图

118

主程序流程图如图 6-9 所示。

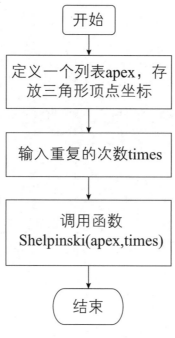

图 6-9 主程序流程图

6.3 编写程序及运行

6.3.1 程序代码

```
from turtle import*
speed(0) #因绘图耗时较长，将速度提高到最快
hideturtle() #隐藏海龟（箭头）
''' 函数 triangle 绘制一个三角形，参数 vertex 是二维列表，存放 3 个顶点
坐标，color 是填充色 '''
```

```
def triangle(vertex,color):

    fillcolor(color)

    up()

    goto(vertex[0][0],vertex[0][1])

    down()# 将画笔抬起，移动到三角形一个顶点，然后再放下

    begin_fill()

    goto(vertex[1][0],vertex[1][1])

    goto(vertex[2][0],vertex[2][1])

    goto(vertex[0][0],vertex[0][1])

    end_fill()
```

```
# 函数 midpoint 返回两点间的中点坐标

def midpoint(p1,p2):# 参数 p1 和 p2 都是一维列表，各存放一个点的坐标

    return [(p1[0]+p2[0])/2,(p1[1]+p2[1])/2]
```

''' 函数 Shelpinski 通过递归算法绘制谢尔平斯基三角形，参数 ver 是二维列表，存放 3 个顶点坐标，参数 n 是绘制三角形时重复操作的次数，每挖掉一个中心三角形算一次操作。'''

```
def Shelpinski(ver,n):

    triangle(ver,"black")# 画出外层大三角形，黑色填充

    mid0=midpoint(ver[0],ver[1])# 取 3 条边的中点坐标

    mid1=midpoint(ver[1],ver[2])

    mid2=midpoint(ver[2],ver[0])

    mid=[mid0,mid1,mid2]# 将 3 个中点坐标存入一个二维列表 mid

    triangle(mid,"white")# 画出中心三角形，用白色填充，表示"挖掉"

    if n>1:

    # 对其余 3 个小三角形重复刚才的操作
```

```
        Shelpinski([ver[0],mid[0],mid[2]],n-1)
        Shelpinski([mid[0],ver[1],mid[1]],n-1)
        Shelpinski([mid[2],mid[1],ver[2]],n-1)
#下面是主程序
apex=[[-300,-260],[0,260],[300,-260]]
#二维列表apex里存放第一个三角形3个顶点坐标
times=int(input("请输入绘制三角形时重复操作的次数："))
Shelpinski(apex,times)
```

6.3.2 运行程序

绘制三角形之前，会提示输入绘制三角形时重复操作的次数，如果输入5，绘制的5阶谢尔平斯基三角形如图6-10所示。

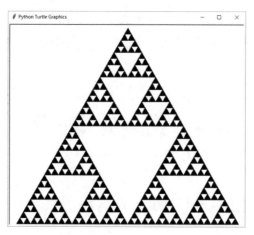

图 6-10　5 阶谢尔平斯基三角形

主程序中调用函数 Shelpinski，首先画出一个大三角形，挖去中心三角形，然后递归调用函数 Shelpinski 对其余 3 个小三角形实现同样的操作。第 1 次调用函数 Shelpinski，参数

n 为 5；递归调用 3 次函数 Shelpinski，参数 n 为 4；在每次调用时又递归调用 3 次函数 Shelpinski，参数 n 为 3；如此反复，一直到调用函数 Shelpinski 时，参数 n 为 1，则不再递归调用，返回上一层调用点。函数 Shelpinski 的调用次数一共为 $1+3+3^2+3^3+3^4=121$ 次。调用流程如图 6-11 所示。

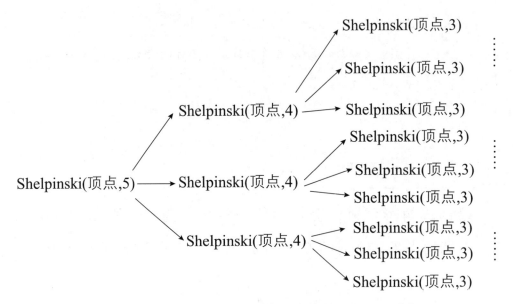

图 6-11　n 为 5 时，函数 Shelpinski 调用示例

6.4 拓展训练

1.编程绘制如图 6-12 所示的科赫曲线。

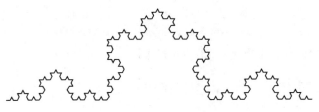

图 6-12　科赫曲线

科赫曲线是一种分形，可以由以下步骤生成：

（1）将给定线段 AB 分成三等分（AC,CD,DB）；

（2）以 CD 为底，向外画一个等边三角形 CED；

（3）将线段 CD 移去；

（4）分别对 AC,CE,ED,DB 重复前 3 步。

2. 编程绘制如图 6-13 所示的科赫雪花。

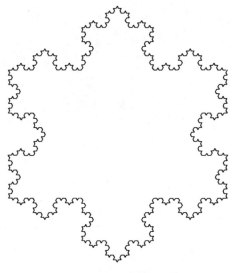

图 6-13　科赫雪花

科赫雪花其形态似雪花，是以等边三角形三边生成的科赫曲线组成的。

（1）任意画一个等边三角形，并把每一边三等分；

（2）取三等分后的一边中间一段为边向外作正三角形，并把这"中间一段"擦掉；

（3）重复上述两步，画出更小的三角形；

（4）多次重复，画出科赫雪花。

第7章
绘制风景画

　　前面几章我们学习了 turtle 库中常用函数的使用，以及循环结构、自定义函数等知识点。利用这些知识，我们画出了多种图形，但是，这些图形都比较单一。大千世界，万物再复杂，它的结构也离不开最基本的几何构成。无论是充满趣味的线条、色彩斑斓的色块、规则或不规则的形状……我们都能将其化作几何图形。

7.1 问题描述

春日美景美不胜收，我们在绘画的时候也要联系实际，蓝天白云，白云是动态的，出现的位置应该是随机的，我们每画一幅美景，草地、花朵也不尽相同，位置也会发生改变，这种改变也是随机的。初日美景颜色绚丽，丰富多彩。

7.2 案例：风景画

本节我们综合运用前面所学的知识绘制一幅春日美景，如图 7-1 所示。

图 7-1　风景画

7.2.1　编程前准备

我们要绘制的风景画，由太阳、白云、小花、绿草、五彩树和自行车等元素构成。由各种几何图形组合出这些元素，是一个比较浩大的工程。在这一节，我们首先介绍较难绘制的几个元素。

1. 生成随机坐标

图 7-2 和图 7-3 都是本章将要编写的程序的运行结果。同一个程序，绘制出的风景却并不完全相同。可以看出，除了树的枝干不同以外，白云、小花和绿草的位置也不同。可以通过调用 random 库的函数来实现不同的效果。

图 7-2　风景画程序运行结果 1

图 7-3　风景画程序运行结果 2

在程序中，我们会用到两个随机库的函数：

（1）randint(a,b)

a 和 b 是两个整型数，该函数的功能是随机生成 [a,b] 的一个整数。我们调用该函数生成随机坐标，例如：

```
h=window_height( )

w=window_width( )

x=randint(-w,w)

y=randint(40,h/2)
```

这是在画布纵坐标 40 以上的位置，生成随机坐标。

（2）random( )

该函数的功能是随机生成 [0,1) 的一个小数。例如：

```
>>> random( )

0.40413483512333304

>>> random( )

0.34823043136697207
```

2. RGB 色彩模式

前面几章的案例里，图形的颜色通过色彩名字获取，比如 pencolor('yellow') 可将画笔色设置为黄色。如果我们希望在更多的颜色中进行选择，可以采用 RGB 色彩模式。该模式是通过 RGB 三个颜色通道的变化和叠加得到各种颜色，其中：

R 表示红色，取值范围为 0~255；

G 表示绿色，取值范围为 0~255；

B 表示蓝色，取值范围为 0~255。

例如，

红色的 RGB 表示是 (255,0,0)，绿色的 RGB 表示是 (0,255,0)，

蓝色的 RGB 表示是 (0,0,255)，黄色的 RGB 表示是 (255,255,0)。

接下来，我们采用 RGB 模式绘制出 3 个不同颜色的圆。

```
from turtle import*

hideturtle( )

up( )

goto(-150,0)

down( )

colormode(255)＃将色彩模式改为 RGB 模式

color(50,150,200)

begin_fill( )

circle(50)

end_fill( )

up( )

goto(0,0)

down( )

color(200,100,50)

begin_fill( )

circle(50)

end_fill( )

up( )

goto(150,0)

down( )

color(50,200,50)

begin_fill( )
```

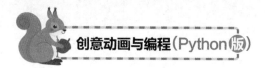

```
circle(50)

end_fill( )
```

程序执行结果如图7-4所示。

图7-4　RGB色彩模式示例

如果想要随机生成颜色，可通过如下语句实现：

```
color(randint(0,255),randint(0,255),randint(0,255))
```

3. 绘制白云

白云可由几个大小不一的圆连接而成，例如：

```
from turtle import*

bgcolor('skyblue')

fillcolor('white')

up( )#将画笔抬起，则图上不会出现每个圆的边框

begin_fill( )

circle(40)

fd(50)

circle(42)

fd(50)

circle(38)

fd(50)

circle(36)
```

```
fd(50)

end_fill( )
```

程序执行结果如图 7-5 所示。

图 7-5 白云示例

4. 绘制小花

整棵小花由花瓣、枝干和绿叶组成。花瓣可由几个圆组成，枝干则简单地以直线表示，每片绿叶由两段90度圆弧合并而成。例如：

```
from turtle import*
# 花瓣由 4 个圆组成
fillcolor('red')
begin_fill( )
for j in range(4):
    circle(10)
    left(90)
end_fill( )
right(90)
fd(30)# 枝干
# 两片绿叶，每片由两段圆弧构成
```

```
fillcolor('green')

begin_fill( )

right(135)

circle(20,90)

left(90)

circle(20,90)

right(90)

circle(20,90)

left(90)

circle(20,90)

end_fill( )

left(45)

fd(20)
```

程序执行结果如图 7-6 所示。

图 7-6　小花示例

5.绘制绿草

一棵小草由几片绿叶组成，每片绿叶可由两段半径和角度都不同的圆弧组成。例如：

```
from turtle import*

up( )
```

```
fillcolor("lime")#设置小草颜色为石灰绿

begin_fill( )

right(90)

circle(50,-90)

circle(80,50)

end_fill( )
```

以上代码绘制出一棵草的一片叶子，程序执行结果如图 7-7 所示。

图 7-7   绿草示例

6.绘制五彩树

这是图中最难绘制的元素，这是一棵递归树。绘制的步骤如下：

（1）画树的躯干，由底部绘至顶部，以枝干长度 branch 作为参数，branch ≤ 0 时不再递归调用。

（2）右转一定的角度，并且改变枝条粗细和颜色，缩小参数 branch 的值，重复步骤（1）。

（3）左转一定的角度，并且改变枝条粗细和颜色，缩小参数 branch 的值，重复步骤（1）。

（4）重置角度和位置。

这样树就画好了。

7.2.2 算法设计

绘制风景画主程序流程图如图 7-8 所示。

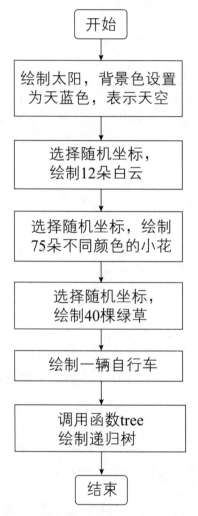

图 7-8 绘制风景画主程序流程图

函数 tree 流程图如图 7-9 所示。

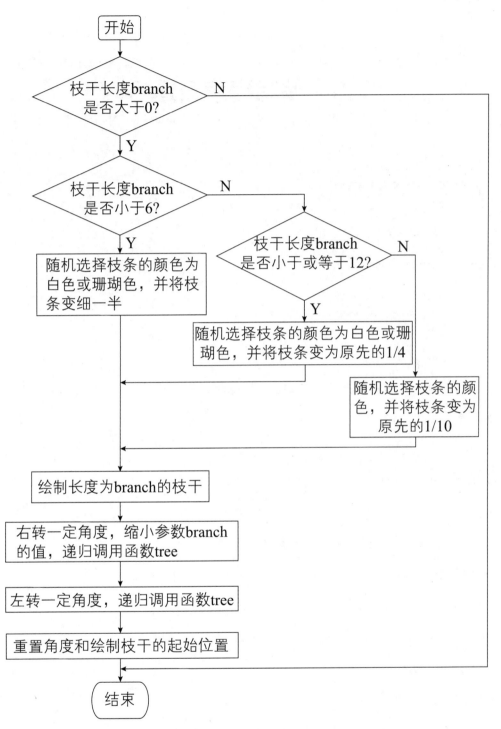

图 7-9 函数 tree 流程图

7.3 编写程序及运行

7.3.1 程序代码

```
from turtle import*

from random import*

h=window_height()

w=window_width()

# 绘制草地、太阳和白云时,不要留下图形的边框,只要填充色即可,所以抬

# 起画笔

up()

# 绘制草地

goto(-w,-90)

fillcolor('limegreen') # 石灰绿

begin_fill()

goto(w,-90)

goto(w,-h)

goto(-w,-h)

goto(-w,-90)

end_fill()

# 绘制太阳

goto(-w/2,h/3.8)
```

```
bgcolor('skyblue')#天空

fillcolor('yellow')

begin_fill()

circle(150)

end_fill()

#绘制白云

fillcolor('white')

for i in range(12):

    x=randint(-w,w)

    y=randint(40,h/2)#生成随机坐标

    goto(x,y)

    for i in range(4):

        begin_fill()

        if i%2==0:

            circle(40+2*i)

            forward(50)

        else:

            circle(40-i)

            forward(50)

        end_fill()

#绘制小花

#设置花瓣颜色

petal_color=["yellow","red","skyblue","pink","red"]

for i in range(15):#外循环一次，画出5朵花

    for j in range(5):
```

```
up()

x=randint(-w,w)

y=randint(-h,-120)#随机生成花朵的位置

goto(x,y)

down()

fillcolor(petal_color[j])

begin_fill()

#画花瓣

for j in range(4):

    circle(10)

    left(90)

end_fill()

right(90)

fd(30)#花的枝干

#画绿叶

fillcolor('green')

begin_fill()

right(135)

circle(20,90)

left(90)

circle(20,90)

right(90)

circle(20,90)

left(90)

circle(20,90)
```

```
        end_fill()

        left(45)

        fd(20)

        left(90)

# 绘制绿草

up()

pencolor('lime')# 设置小草颜色

fillcolor('lime')

for i in range(40):

    x=randint(-w,w)

    y=randint(-h,-120)

    up()

    goto(x,y)

    down()

    begin_fill()

    right(90)

    circle(50,-90)

    circle(80,40)

    left(40)

    circle(50,-40)

    circle(80,30)

    right(150)

    circle(50,60)

    right(30)

    circle(50,-40)
```

```
    left(50)

    circle(50,60)

    right(30)

    circle(67,-60)

    end_fill()

    right(110)

#绘制自行车

pencolor('black')

pensize(3)

penup()

goto(-400,-100)

pendown()

circle(50)

penup()

goto(-400,-50)

pendown()

left(180)

forward(70)

right(110)

forward(60)

right(70)

forward(50)

left(90)

forward(3)

left(90)
```

```
forward(50)

right(90)

forward(20)

left(90)

forward(20)

right(90)

forward(5)

right(90)

forward(35)

right(90)

forward(5)

right(90)

forward(15)

left(90)

forward(20)

right(90)

forward(80)

left(135)

forward(80)

backward(80)

right(70)

forward(65)

backward(95)

right(40)

forward(30)
```

```
left(45)

forward(15)

backward(15)

right(45)

backward(50)

right(45)

backward(15)

forward(15)

penup()

goto(-557,-100)

pendown()

left(200)

circle(50)

penup()

goto(-400,-50)

pendown()

left(130)

forward(70)

backward(70)

left(43)

penup()

goto(-400,-40)

pendown()

forward(70)

circle(15,550)
```

```
forward(70)

circle(8,360)

#绘制五彩树

up()

goto(0,70)

down()

hideturtle()

left(90)

up()

backward(200)

down()

colormode(255)#颜色改成 RGB 模式

def tree(branch): #递归函数，生成树

    if branch>0: #当 branch≤0，是递归出口

        if branch<6:

            if randint(0,2)==0:

                color('white')

            else:

                color('lightcoral')

                pensize(branch/2)

        elif branch<=12:

            if randint(0,2)==0:

                color('white')

            else:

                color('lightcoral')#珊瑚色
```

```
            pensize(branch/4)
    else:
            color(randint(0,255),randint(0,255),randint
(0,255))#生成随机颜色
            pensize(branch/10)
    fd(branch)
    a=1.5*random()
    right(20*a)
    b=1.5*random()
    tree(branch-10*b)  #递归调用函数tree，在右侧画枝干
    left(40*a)
    tree(branch-10*b)  #递归调用函数tree，在左侧画枝干
    right(20*a)  #角度复位
    up()
    backward(branch)  #绘制枝干的起点复位
    down()
tree(60)#调用递归函数tree画出五彩树
```

7.3.2 运行程序

　　程序运行时，会按照流程依次画出蓝天、白云、太阳、白云、花、草、自行车和五彩树，如图7-10所示。因为绘制元素较多，为了提高绘制速度，可在程序中添加 speed(0) 来提速。

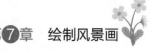

（a）先绘制蓝天、草地、太阳

（b）再绘制白云

（c）再绘制小花

（d）最后绘制自行车和树

图 7-10 绘制顺序

7.4 拓展训练

"北风卷地百草折，胡天八月即飞雪"，诗句出自岑参的《白雪歌送武判官归京》，请大家体会诗中描绘的场景，尝试用海龟作图绘制出诗中的景象。本题自由发挥，无参考图。

第 8 章
Pillow 库
图像处理

Pillow 是 Python 语言的第三方库，是 PIL（Python Image Library）的一个派生分支，但如今已经发展成为比 PIL 本身更具活力的图像处理库。Pillow 已经取代了 PIL，支持 Python2 和 Python3。Pillow 提供了广泛的文件格式支持、强大的图像处理能力，主要包括图像储存、图像显示、格式转换以及基本的图像处理操作等。本章介绍 Pillow 库几个常用模块的功能，运用这些功能实现简单 P 图（泛指使用图像处理软件处理图片）。

8.1　问　题　描　述

如今，P 图已经成为了一项很多人都会的技能。在我们的日常生活中有不少场景需要简单处理图片，很多人都是依赖 PS、美图秀秀等图像处理工具，殊不知在你打开软件的一瞬间，Python 就已经将图片处理完了。听起来是不是很神奇，正所谓"Python 在手，啥也不愁"。

8.2　案例：P 图

本章要介绍两个案例：

1.案例 1，素材是两张原始图像，如图 8-1 和图 8-2 所示，要求：生成如图 8-3 所示的图像。

图 8-1　P 图案例 1 素材 1

图 8-2　P 图案例 1 素材 2

图 8-3　P 图案例 1 效果图

2. 案例 2，素材是图 8-4，生成该图的素描效果，效果如图 8-5 所示。

图 8-4　P 图案例 2 素材

图 8-5　P 图案例 2 效果图

可以通过调用 Pillow 库的函数来实现这些 P 图效果，只需短短几行代码，轻松完成。接下来，让我们来学习 Pillow 库的使用。

8.2.1　编程前准备

8.2.1.1　Pillow 库的安装

Pillow 库是第三方库，需要通过 pip 工具安装。安装步骤如下：

（1）右击"开始"菜单，在弹出的菜单中选择"运行命令"，打开命令提示符窗口，如图 8-6 和图 8-7 所示。

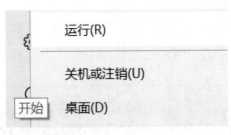

图 8-6　"开始"菜单

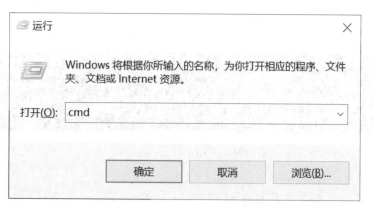

图 8-7 "运行"对话框

（2）在命令提示符中输入"pip install pillow"，进行 Pillow 库的安装。安装完成会显示"Successfully installed"，如图 8-8 所示。

（a）Pillow 库安装过程截图 1

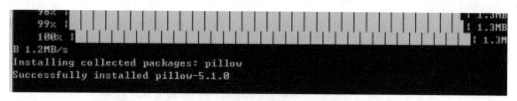

（b）Pillow 库安装过程截图 2

图 8-8 安装 Pillow 库

（3）在命令提示符中输入"python"进入 Python 中，再导入该库。Pillow 库安装成功后，导库时要用 PIL 来导入，而不能用 pillow 或 Pillow。所以，输入"from PIL import Image"用来导入该库，如果没有报错就表示 Pillow 库安装成功，如图 8-9

所示。

```
C:\Users\Administrator>python
Python 3.4.3 (v3.4.3:9b73f1c3e601, Feb 24 2015, 22:43:06) [MSC v.1600 32 bit (In
tel)] on win32
Type "help", "copyright", "credits" or "license" for more information.
>>> from PIL import Image
>>>
```

图 8-9　Pillow 库安装成功

8.2.1.2　Image 模块

在 Pillow 库中，有二十多个模块，还支持非常多的插件。其中最常用的是 Image 模块，其他很多模块都是在 Image 模块的基础上对图像做进一步的特殊处理。本节主要介绍 Image 模块的常用用法。

1. 通过文件创建 Image 对象

通过文件创建 Image 图像对象是最常用的方法，例如：

```
from PIL import Image # 导入 Image 模块

im=Image.open('coco.png') # 创建图像实例，coco.png 是图像文件名

im.show( ) # 显示图像
```

代码运行后，会显示如图 8-10 所示的图像。

图 8-10　显示打开的图像

2. 图像的属性

打开图像后，可以查询图像的属性。例如，在打开图像的代码后添加：

```
print(im.format,im.size, im.mode,im.getpixel((100,200)))
```

则输出：JPEG (1197, 673) RGB (43, 149, 211)

（1）format 属性表示图像的格式，如果图像不是从文件打开的，那么该属性值为 None。

（2）size 属性是一个元组（tuple），表示图像的宽和高（单位为像素），图像 coco 宽为 1197，高为 673。

（3）mode 属性表示图像的色彩模式，图像 coco 是 RGB 模式的。

（4）getpixel 属性可以求出某个点的像素值，也就是 RGB 3 个通道的颜色值。

可用 convert(mode) 函数指定某种色彩模式，mode 的取值可以是如下几种：

- 1（黑白二值图像，每个像素点用 1 位二进制数表示）
- L（灰度图，每个像素点用 8 位二进制数表示）
- P（索引图，每个像素点用 8 位二进制数表示）
- RGB（24 位真彩色，每个像素点用 3 字节二进制数表示）
- RGBA（RGB+ 透明通道表示，每个像素点用 4 字节二进制数表示）
- CMYK（印刷模式图像，每个像素点用 4 字节二进制数表示）
- YCbCr（彩色视频颜色隔离模式，每个像素点用 3 字

节二进制数表示）

- I（采用整数形式表示像素，每个像素点用 4 字节二进制数表示）

- F（采用浮点数形式表示像素，每个像素点用 4 字节二进制数表示）

例如：

```
from PIL import Image
im=Image.open('coco.png') # 创建图像实例
# 将原先的 RGB 模式改为 L 模式，也就是灰度图，并显示图像
im.convert('L').show( )
```

程序运行后，显示如图 8-11 所示的灰度图像。

图 8-11　灰度图像

3. 图像的简单几何变换

（1）调整图片大小 resize( )

例如，在打开图像 coco 后，添加以下代码：

```
im.resize((150, 150)).show( )
```

则程序运行后，显示如图 8-12 所示的长、宽都为 150 的正方形图像。

图 8-12 调整图片大小

例如:

```
from PIL import Image
im=Image.open('coco.png') #创建图像实例
#修改图像的长、宽分别为原图的 1/4
im1=im.resize((im.size[0]//4,im.size[1]//4)).show( )
```

程序运行后，会显示长、宽分别为原图尺寸 1/4 的图像。

（2）上下左右对换，以及旋转图像 transpose( )

例如，在打开图像 coco 后，添加以下代码：

```
im.transpose(Image.FLIP_LEFT_RIGHT).show( )
```

则程序运行后，显示如图 8-13 所示的图像，左右对换了。

图 8-13 左右对换后的图像

例如，在打开图像coco后，添加以下代码：

```
im.transpose(Image.ROTATE_90).show( )
```

则程序运行后，显示如图 8-14 所示的图像，图像左转了 90 度。

图 8-14　左转 90 度后的图像

（3）逆时针旋转 rotate( )

例如，在打开图像coco后，添加以下代码：

```
im.rotate(45).show( )
```

则程序运行后，显示如图 8-15 所示的图像，在原图像的区域内逆时针旋转 45 度，超出部分被裁掉。

图 8-15　逆时针旋转 45 度的图像

4. 图像的裁剪和粘贴

例如：

```
from PIL import Image

im=Image.open('coco.png')  # 创建图像实例

cut=(280,350,580,650)  # 定义裁剪区域

cutting=im.crop(cut)  # 裁剪图像

paste=(580,350,880,650)  # 定义粘贴区域

im.paste(cutting,paste)  # 将裁剪的图像粘贴到指定的粘贴区域

im.show( )
```

程序运行后，显示如图 8-16 所示的图像。

图 8-16 图像的裁剪和粘贴

5. 保存图片

例如：

```
from PIL import Image

im=Image.open('coco.png')  # 创建图像实例 im

# 将原先的 RGB 模式改为 L 模式，并创建图像实例 im1

im1=im.convert('L')
```

```
# 将 L 模式的图像保存在原目录下，文件名为 coco1.png
im1.save('coco1.png')
```

程序运行后，在原目录下会生成一个新的图像文件 coco1. png，如图 8-17 所示。

图 8-17   图像文件图标

也可将图片保存在其他目录下，例如：

```
im1.save('c:\\ 工作 \\coco1.png')
```

可以将图像 coco1.png 保存在 c 盘的 "工作" 文件夹下。

8.2.1.3   ImageFilter 模块

由于成像系统、传输介质和记录设备等的不完善，数字图像在其形成、传输记录过程中往往会受到多种噪声的干扰。另外，在图像处理的某些环节，当输入的图像效果达不到预期时也会在结果图像中引入噪声。因此就有了图像滤镜的概念。图像滤镜：在尽量保留图像细节特征的条件下对目标图像的噪声进行抑制。Pillow 库提供的 ImageFilter 模块可对图像进行滤镜处理，包含模糊、平滑、锐化和边界增强等滤镜效果的处理。

常用的滤镜如表 8-1 所示。

表 8-1　常用的滤镜

滤镜名称	含　义
ImageFilter.BLUR	模糊
ImageFilter.SHARPEN	锐化
ImageFilter.SMOOTH	平滑
ImageFilter.SMOOTH_MORE	平滑（程度更深）
ImageFilter.FIND_EDGES	寻找边界
ImageFilter.EDGE_ENHANCE	边界增强
ImageFilter.EDGE_ENHANCE_MORE	边界增强（程度更深）
ImageFilter.CONTOUR	轮廓
ImageFilter.EMBOSS	浮雕
ImageFilter.DETAIL	细节

滤镜处理举例如下：

```
from PIL import Image,ImageFilter

im=Image.open('coco.png') #创建图像实例

im.filter(ImageFilter.BLUR).show( ) #模糊

im.filter(ImageFilter.SHARPEN).show( ) #锐化

im.filter(ImageFilter.FIND_EDGES).show( ) #寻找边界

im.filter(ImageFilter.EDGE_ENHANCE_MORE).show( ) #边界增强

im.filter(ImageFilter.CONTOUR).show( ) #轮廓

im.filter(ImageFilter.EMBOSS).show( ) #浮雕
```

程序运行后，会显示如图 8-18 所示的 6 幅效果图。

（a）模糊

（b）锐化

（c）寻找边界

（d）边界增强

（e）轮廓

（f）浮雕

图 8-18　滤镜处理效果图

8.2.1.4　ImageEnhance 模块

ImageEnhance 模块提供了一些用于图像增强的方法。

1. 图像的亮度增强

例如：

```
from PIL import Image,ImageEnhance

im=Image.open('coco.png') #创建图像实例

ImageEnhance.Brightness(im).enhance(1.8).show( )
```

```
ImageEnhance.Brightness(im).enhance(0.5).show( )
```

程序说明：ImageEnhance 模块的所有功能都是类，所有用法和其他模块有所区别。其中，ImageEnhance.Brightness(im) 是实例化一个对象，并传入需要亮度增强的图像 im；enhance(1.8) 表示图像 im 的亮度增强的程度为 1.8，如果是 enhance(1)，则图像没有变化，如果参数小于 1，则图像变暗。

程序运行效果如图 8-19 所示。

（a）变亮 （b）变暗

图 8-19 调整图像亮度效果图

2. 图像的色度增强

例如：

```
from PIL import Image,ImageEnhance
im=Image.open('coco.png') #创建图像实例
ImageEnhance.Color(im).enhance(3).show( )
ImageEnhance.Color(im).enhance(0.3).show( )
```

程序说明：创建一个增强对象，以调整图像的颜色。增强因子为 0.0 将产生黑白图像，为 1.0 将给出原始图像。增强因子越大，颜色的饱和度越大。

程序运行效果如图 8-20 所示。

（a）色度增强　　　　　　　　　　（b）色度减弱

图 8-20　调整图像色度效果图

3. 图像的对比度增强

例如：

```
from PIL import Image,ImageEnhance

im=Image.open('coco.png') #创建图像实例

ImageEnhance.Contrast(im).enhance(5).show( )

ImageEnhance.Contrast(im).enhance(0.5).show( )
```

程序运行效果如图 8-21 所示。

（a）对比度增强　　　　　　　　　　（b）对比度减弱

图 8-21　调整图像对比度效果图

4. 图像的锐度增强

```
from PIL import Image,ImageEnhance

im=Image.open('coco.png') #创建图像实例

ImageEnhance.Sharpness(im).enhance(50).show( )
```

程序说明：创建一个调整图像锐度的增强对象。增强因子为 1.0 将保持原始图像，大于 1 将产生锐化过的图像。

程序运行效果如图 8-22 所示。

图 8-22　锐化图像

8.2.2　算法设计

学习了 Pillow 库的常用函数，我们可以运用这些知识完成本章的两个 P 图案例。

8.2.2.1　案例 1 的设计

1. 案例分析

（1）图 8-3 中的女孩是从图 8-2 中裁剪下来的，所以，首先要估算裁剪区域顶点坐标。经过多次尝试，我们可以定下精确的顶点坐标，大约是 (220,270,570,1050)。

（2）但是裁剪下来的图像太大，如果直接粘贴在图 8-1 中，女孩比椰子树还要高，所以裁剪后要缩小图像，长和宽缩小到原图的 1/4 比较合适。

（3）请观察图 8-3 中的椰树和图 8-1 的区别，可以看出是将图 8-1 左右对换后的效果。所以，粘贴前要将图 8-1 左右对换。

（4）在图8-1中指定粘贴区域的顶点坐标，简单起见，指定左上角坐标即可。同样经过多次尝试，坐标大约为 (500,470)。

（5）完成粘贴后，请再观察图8-3和图8-1的亮度，可以发现图8-3是亮度增强后的效果。所以，要对粘贴好的图像进行亮度增强，并保存为图像文件 7_3.jpeg。

2. 流程图

程序流程如图 8-23 所示。

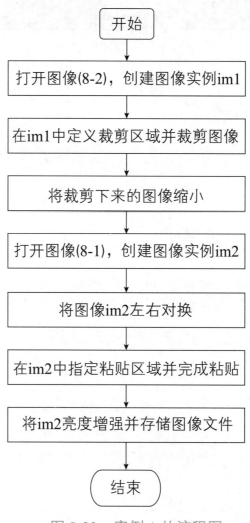

图 8-23　案例 1 的流程图

8.2.2.2　案例 2 的设计

1.案例分析

图 8-5 是黑白手绘图像，可以通过滤镜的提取轮廓功能实现手绘效果。但是，图 8-4 是彩色图像，提取轮廓后，是彩色的手绘效果。所以，可先将图像色彩模式改为灰度图，然后再提取轮廓，即可得到素描图。

2.流程图

程序流程如图 8-24 所示。

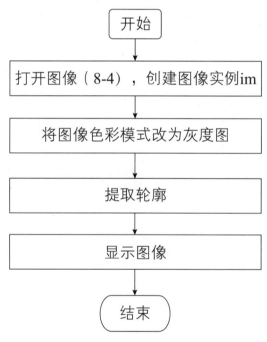

图 8-24　案例 2 的流程图

8.3 编写程序及运行

8.3.1 程序代码

8.3.1.1 案例 1 的代码

```
# 导入 Pillow 库的 Image 和 ImageEnhance 模块
from PIL import Image,ImageEnhance
# 创建图像实例 im1
im1=Image.open('child4.jpeg')
# 定义裁剪区域
cut=(220,270,570,1050)
# 裁剪图像
cutting=im1.crop(cut)
# 将裁剪下来的图像缩小为原先的 1/4
girl=cutting.resize((cutting.size[0]//4,cutting.size[1]//4))
# 创建图像实例 im2
im2=Image.open('coco.png')
# 将图像 im2 左右对换
im2=im2.transpose(Image.FLIP_LEFT_RIGHT)
# 指定粘贴区域的左上角坐标
paste=(620,470)
```

```
# 将裁剪的图像 girl 粘贴到图像 im2 指定的粘贴区域
im2.paste(girl,paste)
# 将粘贴好的图像 im2 亮度增强，并保存为 8_3.jpeg
ImageEnhance.Brightness(im2).enhance(2).save("8_3.jpeg")
```

8.3.1.2　案例 2 的代码

```
# 导入 Pillow 库的 Image 和 ImageFilter 模块
from PIL import Image,ImageFilter
# 创建图像实例
im=Image.open('东方明珠.jpeg')
# 将图像色彩模式改为灰度图
im1=im.convert("L")
# 提取轮廓
im2=im1.filter(ImageFilter.CONTOUR)
# 显示图像
im2.show()
```

8.3.2　运行程序

　　案例 1 程序运行后，不会显示任何图像，因为程序中并没有用到函数 show( )，而是将修改后的图像以 .jpeg 的格式保存在计算机中。所以，在文件夹里会生成图像文件 8_3.jpeg，打开文件后可以看到如图 8-3 所示的图像。案例 2 程序运行后，会显示如图 8-5 所示的图像。

8.4 拓展训练

素材是两张原图，如图 8-25 和图 8-26 所示，要求生成如图 8-27 所示的图像，并显示。

图 8-25　素材 1

图 8-26　素材 2

图 8-27　图像处理效果图

第9章
Pygame——
实现动画

在前面几章，我们绘制的都是静态图形，如何让静态图形动起来呢？动画与视频都是连续渐变的静态图像或图形序列沿时间轴顺序更换显示从而构成运动视觉的媒体。所以，我们可以随着时间的推移不断修改静态图形就能产生动画效果。但是 turtle 库的函数运行太慢了，以致无法用于大量的动画或移动对象。本章，我们将介绍另一个模块 Pygame，它可以快捷地实现动画，一般用于 2D 游戏的开发。

9.1 问题描述

动画片是每个孩子生活中不可缺少的一部分，动画片中的各种形象设计都各具特点，吸引孩子和大人的眼球。有很多编程工具都可以实现动画，强大的 Python 当然也有实现动画的模块，比如 Pygame 模块、Matplotlib 模块和 Sprites 模块等。我们可以用这些模块来制作简单动画，甚至开发小游戏。我们先从最简单的图像移动开始，一步步开启动画之旅吧。

9.2 案例：新春快乐

提到新春佳节，大家就会想到烟花绚烂、爆竹声声，家家户户门口贴着对联，挂着红灯笼，欢聚一堂，其乐融融。让我们来绘制一幅春节夜景，如图 9-1 所示。要求：

图 9-1　新春快乐动画截图

- 雪花的位置不断变化；

- "福"字在窗口内移动，不会跑出窗体；

- 动画自带背景音乐。

9.2.1 编程前准备

Pygame 是 Python 的游戏编程模块，它提供了诸多操作类，例如显示类（display）、绘图类（draw）、图像类（image）、事件类（event）等。相对于 3D 游戏，Pygame 更擅长开发 2D 游戏，例如俄罗斯方块、贪吃蛇、坦克大战等游戏。本章，我们先来学习如何运用 Pygame 库的函数让图像动起来。

9.2.1.1 Pygame 的安装

Pygame 是 Python 的第三方库，需要安装后才能使用。Pygame 有多种安装方法，比较简便的一种方法是通过 pip 进行安装。

首先按 Win+r 组合键，会弹出如图 9-2 所示的对话框，输入"cmd"，打开 DOS 界面。

图 9-2 "运行"对话框

必须先升级 pip，然后才能下载安装 Pygame。输入命令：python -m pip install -U pip，如图 9-3 所示。此命令是升级

pip，pip 是一个 Python 模块的安装与管理工具。

```
C:\Users>python -m pip install -U pip
```

图 9-3　升级 pip

升级成功后，再输入命令：pip install pygame，如图 9-4 所示，即可安装 Pygame 模块。

```
C:\Users>pip install pillow
```

图 9-4　安装 Pygame 库

安装后，打开 Python 的 Shell，在提示符后输入"import pygame"，如果显示如图 9-5 所示的信息，则表示安装成功。

```
>>> import pygame
pygame 2.0.1 (SDL 2.0.14, Python 3.6.3)
Hello from the pygame community. https://www.pygame.org/contribute.html
```

图 9-5　确认 Pygame 安装成功

9.2.1.2　用 Pygame 创建一个窗口

前面我们学习的 turtle 绘图，绘图前会自动创建窗口，无需专门的代码来实现。但是，在使用 Pygame 库时，我们需要用代码实现创建窗口的功能。

例 9.1　创建窗口。程序如下：

```
(1)import pygame as pg
(2)pg.init( )
(3)screen=pg.display.set_mode((900,600))
(4)pg.quit( )
```

代码 1，导入 Pygame 库，并为库名 pygame 起个简短的别名 pg。采用这种导入方式，在调用库函数时，要在前面加上

172

"pg."。

代码 2，初始化 Pygame，在使用 Pygame 库的函数之前都要调用 init 函数。大家会发现，即使删除代码 2，也不影响程序的运行，为什么要调用 init 函数呢？init 函数可以检查计算机上一些需要的硬件调用接口、基础功能是否有问题。如果有，它会在程序运行之前就反馈给你，方便你进行排查和规避。该函数可以安全地初始化所有导入的 Pygame 模块，如果没有初始化，个别模块将无法使用。

代码 3，创建一个 Surface 对象的显示界面，并将其存储在变量 screen 中。该界面宽 900 像素，高 600 像素。

Display 是 Pygame 中用于控制窗口和屏幕显示的模块。下面是在例 9.1 中用到的 display 模块的函数。

（1）pygame.display.init( )——初始化 display 模块

在初始化之前，display 模块无法做任何事情。当你调用更高级别的 pygame.init( ) 时，就会自动调用 pygame.display.init( ) 进行初始化。

（2）pygame.display.set_mode( )——初始化一个准备显示的窗口或屏幕

该函数有 3 个参数，除了第 1 个参数，另外两个都可以缺省，使用时，一般无须传入后两个参数。简单来说，我们只需第一个参数——窗口的大小，用元组或列表来表示，单位是像素。例如：pygame.display.set_mode((900,600))，表示窗口宽为 900 像素，高为 600 像素。如果缺省该参数，则窗口和计算机屏幕一样大。

代码 4，清除 Pygame 模块并且关闭 screen 窗口，程序正常退出。如果没有这句代码，窗口无法关闭。

运行例 9.1 的代码，大家会发现因为有代码 4 的存在，窗口出现后会闪退。但是如果没有代码 4，窗口又无法关闭。所以，需要在程序中构建一个循环，让它持续运行窗口，直到用户选择关闭窗口。将程序修改如下：

```
import pygame as pg
pg.init( )
screen=pg.display.set_mode((900,600))
(1) running=True
(2) while running:
(3)     for event in pg.event.get( ):
(4)         if event.type==pg.QUIT:
(5)             running=False
    pg.quit( )
```

代码 1，为下面的 while 循环的循环变量赋初值，该循环变量起到标志作用，它会告诉循环是否要继续运行，如果 running 为 True，表示继续运行，如果 running 为 False，表示退出窗口。

代码 3，pg.event.get( ) 用来获取用户执行的事件列表。

代码 4，在这个例子中，我们唯一要检查的事件就是用户是否单击"关闭"按钮。如果单击"关闭"按钮，循环变量的值改为 False，则会退出窗口。

Pygame 会接受用户的各种操作（如按键盘、移动鼠标等）

产生事件，然后把一系列的事件存放一个队列里，逐个处理。表 9-1 是几个常用事件。

表 9-1 常用事件

事 件	产 生 途 径	参 数
QUIT	用户单击"关闭"按钮	none
KEYDOWN	键盘被按下	unicode,key,mod
KEYUP	键盘被放开	key,mod
MOUSEMOTION	鼠标移动	pos,rel,buttons
MOUSEBUTTONDOWN	鼠标按下	pos,button
MOUSEBUTTONUP	鼠标放开	pos,button
VIDEORESIZE	Pygame 窗口缩放	size,w,h

9.2.1.3 用 Pygame 绘制图形

Pygame 也可以绘制几何图形，与我们熟悉的海龟作图有些区别。

首先，坐标系不同。在海龟作图中，原点在屏幕中心，从原点往左，x 坐标增大，往右，x 坐标变小，往上，y 坐标增大，往下，y 坐标变小。Pygame 使用的坐标系如图 9-6 所示，原点在窗口左上角，越往右 x 坐标越大，越往下 y 坐标越大，x 坐标和 y 坐标都不能用负值，因为负坐标在窗口外面了。

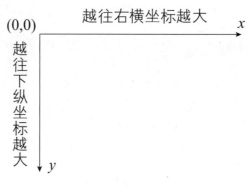

图 9-6　Pygame 窗口坐标系

其次，用 Pygame 绘图，需要刷新屏幕才能看到图形。

例 9.2　在窗口中画圆。程序如下：

```python
import pygame as pg

pg.init( )

screen=pg.display.set_mode((900,600))

running=True

while running:

    for event in pg.event.get( ):

        if event.type==pg.QUIT:

            running=False

    pg.draw.circle(screen,"red",(200,200),100)

pg.quit( )
```

运行程序后，我们会发现并没有显示圆。修改以上程序，在最后一句代码前添加一句代码：

```python
pg.display.update( )
```

然后就可以显示圆了，如图 9-7 所示。

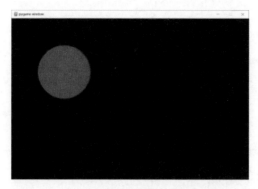

图 9-7　绘制圆

下面是例 9.2 中新出现的两个函数的说明：

（1）pygame.display.update( )——更新部分软件界面显示

该函数可以更新屏幕的部分内容，也可以全部更新。如果缺省参数，就会更新整个界面；如果传递一个或多个矩形区域给该函数，可以更新指定的区域。

（2）pygame.draw.circle( )——绘制圆形

circle(surface, color, center, radius)

surface：要显示的界面。

color：图形的颜色，可使用颜色的 RGB 或 RGBA 值，也可用色彩名字来表示。例如，红色可以用 "red" 表示，也可用 RGB 值 "(255,0,0)" 表示。

center：圆心

radius：半径

Pygame 的 draw 模块可以绘制多种几何图形，除了画圆以外，下面再介绍几个函数。

177

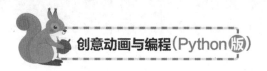

（1）pygame.draw.rect( )——绘制矩形。

rect(surface,color,rectangle,width)（还有其他可选参数，本书中省略这些参数的说明。）

参数说明

rectangle：矩形的左上角坐标以及长、宽，用一个元组或列表来表示，例如 (x,y,length,width)，x 和 y 表示矩形左上角坐标，length 和 width 表示矩形的长和宽。

width：（可选参数）用于表示线条粗细或是否要填充矩形。

- 若 width==0,(默认值) 填充矩形；
- 若 width>0, 用于指示线条粗细；
- 若 width<0, 不会绘制任何内容。

例如，将例 9.2 画圆的代码用下面的代码替换：

```
pg.draw.rect(screen,"red",(200,200,200,100),0)
```

会显示如图 9-8 所示的矩形。

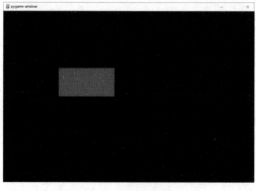

图 9-8　绘制矩形

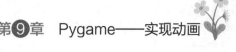

（2）pygame.draw.polygon( )——绘制多边形

polygon(surface, color, points, width)

points：构成多边形顶点的坐标序列，顶点个数要大于或等于 3。坐标要用列表或元组表示，例如：((x1,y1),(x2,y2),(x3,y3))。

（3）pygame.draw.ellipse( )——绘制椭圆

ellipse(surface,color,rectangle,width)

rectangle：通过矩形表示椭圆的位置和尺寸，椭圆将在矩形内居中并以其为边界。

例如，将例 9.2 画圆的代码用下面的代码替换：

```
pg.draw.ellipse(screen,"red",(200,200,400,200),0)
```

会显示如图 9-9 所示的椭圆。

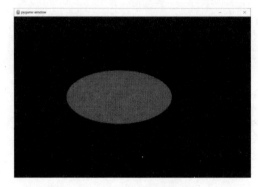

图 9-9   绘制椭圆

9.2.1.4   用 Pygame 加载和保存图像

Pygame 的 image 模块可以用来加载和保存图像，下面介绍该模块的这两个功能：

1. pygame.image.load(filename)——从文件加载图像

参数 filename 可以是文件路径，或者只是一个文件名。当 filename 是文件名时，要保证该图像文件和 Python 程序保存在相同的文件夹里。

例 9.3   载入图像，程序如下：

```
import pygame as pg

pg.init( )

screen=pg.display.set_mode((900,600))

running=True

(1)im=pg.image.load("fu.png")

    while running:

        for event in pg.event.get( ):

            if event.type==pg.QUIT:

                running=False
```

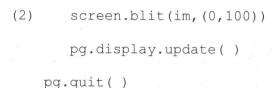

```
(2)      screen.blit(im,(0,100))
         pg.display.update( )
     pg.quit( )
```

程序运行效果如图 9-10 所示。

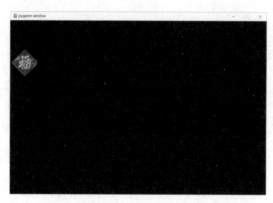

图 9-10　在窗口中载入图像

代码 1，载入图像 fu.png，为这个图像文件创建一个变量 im，在接下来的程序中通过 im 来引用该图像。

代码 2，用函数 blit( ) 将前面载入的图像显示在窗口 screen 上。blit( ) 函数将图像 im（"福"字）显示到窗口中，图像的左上角坐标为 (0,100)。当我们想要将图像从一个界面复制到另一个界面时，就可以使用 blit( ) 函数。

大家可能会有个疑问，既然在代码 1 中已经载入了图像 fu.png，为什么还需要代码 2 的 blit( ) 函数才能让图像显示在窗口上呢？9.2.1.3 节中介绍的绘制图形的方法，就无需 blit( ) 函数即可在窗口上显示图形。接下来，我们对比下加载图像和绘制图形的函数。例如绘制多边形的函数 pygame.draw. polygon(surface, color, points, width)，该函数第一个参数代表图形要在哪个界面上显示，因为界面可以作为参数传入该函数，

所以绘制出的多边形可以显示在规定的界面上。但是加载图像的函数 pygame.image.load(filename)，并不接受一个界面作为参数，它会自动为图像创建一个新的、单独的界面。所以要使用 blit( ) 函数,把图像从它自己的界面复制到我们设定好的窗口上。

2. pygame.image.save(Surface,filename)——将图像保存到磁盘上

该函数将保存 Surface 对象到磁盘上，支持存储为 BMP，TGA,PNG 或 JPEG 格式的图像。如果filename没有指定后缀名，那么默认是保存为 TGA 格式。TGA 和 BMP 格式是无压缩的文件。

9.2.1.5　图像移动

1. 移动"福"字

我们已经掌握了利用 Pygame 在窗体内绘制图形、显示图像的方法，接下来，我们该让图像动起来了。

医学证明人类具有"视觉暂留"的特性，人的眼睛看到一幅画或一个物体后，在 0.34 秒内不会消失。利用这一原理，在一幅画还没有消失前播放下一幅画，就会给人造成一种流畅的视觉变化效果。电影、电视的基本原理都是视觉暂留原理，动画也是如此。绘制多幅图片，每一幅图片和前面那一幅略微不同。当这些图片以很快的速度连续显示时，看起来就像图片中的对象在运动。一个动画中的每一幅图片的显示成为一帧(frame)，将动画的速度称为每秒多少帧，动画标准是每秒 24 帧。

所以，如果想让"福"字动起来，只要在循环里让"福"

字的坐标有细微的改变，每次在临近的不同位置显示图像。

例 9.4　移动图像。程序如下：

```
import pygame as pg

pg.init( )

screen=pg.display.set_mode((900,600))

running=True

im=pg.image.load("fu.png")

x=0;y=100

while running:

    for event in pg.event.get( ):

        if event.type==pg.QUIT:

            running=False

(1)x+=2

(2)y+=1

    screen.blit(im,(x,y))

    pg.display.update()

pg.quit( )
```

例 9.4 的程序和例 9.3 的程序相比，增加了代码 1 和代码 2 这两句。这两句代码是修改"福"字的坐标，每次 x 坐标增加 2 个像素，y 坐标增加 1 个像素。"+="是复合赋值运算符，表达式 x+=2 相当于 x=x+2。

程序运行时，"福"字会快速移动，一眨眼就跑到窗口外了。图 9-11 是"福"字即将跑出窗体前的截图，会留下轨迹，因为每次显示的图像都留在窗口内。

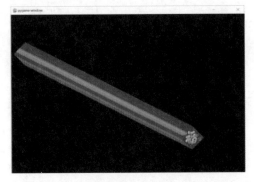

图 9-11   移动图像，但是会留下轨迹

我们要消除轨迹，才能显示"福"字移动的动画，可以用 screen.fill(color) 来解决这个问题。函数 screen.fill( ) 的参数是颜色，Pygame 创建的窗口默认背景色为黑色，所以我们可以用 screen.fill("black") 让黑色填充窗口，可以在显示下一帧时，将前一帧覆盖。在例 9.4 的代码 2 后添加代码 screen.fill("black")，则程序运行截图如图 9-12 所示。

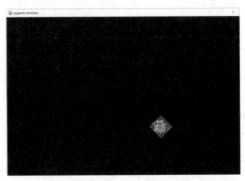

图 9-12   移动图像

2. 用 Clock( ) 来调整帧速率

轨迹的问题解决了，但是"福"字跑得太快了，瞬间从窗体中消失，我们要调整帧速率，让"福"字慢点跑。

pygame.time 是时间控制模块，是 Pygame 中使用频率较高的模块，其主要功能是管理时间和游戏帧数率。time 模块可以控制游戏帧数率（FPS），FPS 是评价游戏画面是否流畅的关键指标。一般来说，计算机的 FPS 都能达到 60 帧/s 的速度，如果 FPS 小于 30 帧/s，游戏画面就会变得卡顿。我们就让"福"字以 60 帧/s 的速度移动。

要用 Clock( ) 来调整帧速，首先要创建一个时钟对象，再通过时钟对象，指定循环频率，每秒循环 60 次。在例 9.4 的程序中增加两句代码，程序如下：

```
import pygame as pg
pg.init( )
screen=pg.display.set_mode((900,600))
running=True
im=pg.image.load("fu.png")
x=0;y=100
(1)clock=pg.time.Clock( )
   while running:
(2)     clock.tick(60)
        for event in pg.event.get( ):
            if event.type==pg.QUIT:
                running=False
    x+=2
    y+=1
    screen.fill("black")
    screen.blit(im,(x,y))
    pg.display.update( )
pg.quit( )
```

增加这两句代码后，"福"字移动速度放慢了。

代码1，创建一个时钟对象来帮我们确定要以多大的帧数运行。这个对象在每一次循环都会设置一个暂停，以防程序运行过快，有时候计算机的速度比我们希望的快，我们就可以利用这个对象让计算机以固定的速度运行。在循环体中，只需要告诉时钟多久"滴答"一次，也就是说，循环应该多长时间运行一次。

代码2，循环体内，通过 clock.tick(60) 设置 FPS，参数 60 不是一个毫秒数，是指每秒循环要运行的次数。同学们可以更改这个参数，观察"福"字移动速度的变化。

9.2.1.6 图像在窗体内弹跳

虽然可以调整图像的移动速度，但是"福"字依然会跑到窗口外。我们希望它能在窗口内弹跳，不要离开屏幕。如果碰壁了，要反弹。假如以 45 度角往下往右移动碰到窗口底部，则要以 45 度角往上往右弹起；以 45 度角往上往右移动碰到窗口右壁，则要以 45 度角往上往左弹起；以 45 度角往上往左移动碰到窗口顶部，则要以 45 度角往下往左弹起；以 45 度角往下往左移动碰到窗口左壁，则要以 45 度角往下往右弹起。也就是说如果遇到窗体左右边界，不要改变 y 坐标的变化趋势，原先增大依然继续增大，原先变小依然继续变小，但是要改变 x 坐标的变化趋势，原先 x 坐标增大则要变小，原先 x 坐标变小则要增大；如果遇到窗体上下边界，不要改变 x 坐标的变化趋势，但是要改变 y 坐标的变化趋势。要做到这些，我们要解决两个问题：

● 如何用简便的方法实现弹跳时坐标的变大和变小；

● 如何检测窗口边界。

在解决这两个问题之前，我们先介绍一个很好用的方法 get_rect( )——获取图像的位置矩形，它可以帮助我们更容易地获取图像的位置信息。例如：

```
im=pg.image.load("fu.png")
im_rect=im.get_rect( ) # 获取图像位置矩形
```

im_rect 是标识图像位置的矩形，是一个可以容纳得下图像 im 的最小矩形。有了这个矩形，我们可以得到图像的几个属性，如表 9-2 所示。

表 9-2　矩形图像的属性

属 性 名	含 义
im_rect.x	矩形左上角 x 坐标
im_rect.y	矩形左上角 y 坐标
im_rect.top	矩形上边界 y 坐标
im_rect.bottom	矩形下边界 y 坐标
im_rect.left	矩形左边界 x 坐标
im_rect.right	矩形右边界 x 坐标
im_rect.centerx	x 方向中心位置
im_rect.centery	y 方向中心位置

接下来，我们用 get_rect( ) 解决上面提出的两个问题。

1. 坐标的变化

在例 9.4 中，用代码"x+=2;y+=1"来表示坐标的增大，每次增加的步长用常量 2 和 1 表示。但是，现在步长有时为正值，有时为负值，所以我们创建变量 stepx 表示水平方向的步长，

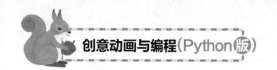

stepy 表示垂直方向的步长。可以通过这两个变量的正负变化来实现 x 坐标和 y 坐标的变大变小。在循环之前为这两个变量赋初值为 3，如下所示：

```
stepx=3;stepy=3
```

为了方便地获取图像的位置属性，在循环之前获取图像的位置矩形，并设置图像起始的左上角坐标，如下所示：

```
im_rect=im.get_rect( ) #获取图像位置矩形

im_rect.x=0;im_rect.y=100 #设置起始坐标
```

在循环里修改图像的位置，如下所示：

```
im_rect.x+=stepx

im_rect.y+=stepy
```

2. 检测是否遇到窗体边界

如果图像遇到窗口左右边界，要改变 x 方向的变化趋势，原先变大的要改成变小，原先变小的要改成变大，也就是 x 方向步长要进行正负值的转换，如下所示：

```
if im_rect.left<0 or im_rect.right>900: #遇到窗体左右边界

    stepx=-stepx
```

如果图像遇到窗口上下边界，要改变 y 方向的变化趋势，如下所示：

```
if im_rect.bottom>600 or im_rect.top<0: #遇到窗体上下边界

    stepy=-stepy
```

例 9.5　图像在窗体内弹跳。程序如下：

```
import pygame as pg

pg.init( )
```

```
screen=pg.display.set_mode((900,600))

running=True

im=pg.image.load("fu.png")

im_rect=im.get_rect( )  # 获取图像位置矩形

im_rect.x=0;im_rect.y=100  # 设置图像左上角坐标

stepx=3;stepy=3  # 设置移动时水平方向和垂直方向的步长

clock=pg.time.Clock( )  # 创建时钟对象

while running:

    clock.tick(60)  # 设置 fps 为 60

    for event in pg.event.get( ):

        if event.type==pg.QUIT:

            running=False

    im_rect.x+=stepx  # 修改图像左上角坐标

    im_rect.y+=stepy

    if im_rect.left<0 or im_rect.right>900:  # 遇到窗体左右边界

        stepx=-stepx

    if im_rect.bottom>600 or im_rect.top<0:  # 遇到窗体上下边界

        stepy=-stepy

    screen.fill("black")

    screen.blit(im,im_rect)  # 按照位置矩形来显示图像

    pg.display.update( )

pg.quit( )
```

有了这个程序，"福"字不会再消失了，它会在窗口内不停地来回弹跳。

9.2.2 算法设计

新春快乐程序流程图如图 9-13 所示。

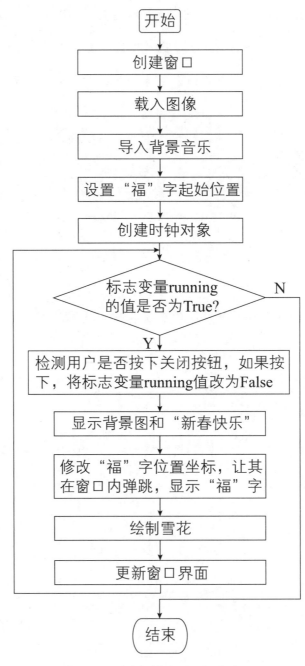

图 9-13　新春快乐程序流程图

9.3　编写程序及运行

9.3.1　程序代码

```python
import pygame as pg
import random
pg.init()
screen=pg.display.set_mode((800,500))
running=True
#设置窗口标题
pg.display.set_caption("Happy Spring Festival")
bpic=pg.image.load("Spring.jpeg") #载入背景图
fpic=pg.image.load("xckl.jpeg") #载入"新春快乐"图像
mpic=pg.image.load("fu.png") #载入"福"字图像
pg.mixer.init() #初始化混音器模块
muc=pg.mixer.Sound("xckl.mp3") #导入音乐并创建对象muc
muc.play() #播放音乐
mpic_rect=mpic.get_rect() #获取图像位置矩形
mpic_rect.x=0;mpic_rect.y=100 #设置图像左上角坐标
stepx=6;stepy=6 #设置移动时水平方向和垂直方向的步长
clock=pg.time.Clock() #创建时钟对象
while running:
    clock.tick(30) #设置fps为30
    for event in pg.event.get():
```

```
                if event.type==pg.QUIT:

                    running=False

        screen.blit(bpic,(0,0))  #显示背景图

        #将"新春快乐"的位置设置在窗口上方正中

        x=400-fpic.get_width()/2

        y=0

        screen.blit(fpic,(x,y))  #显示"新春快乐"

        mpic_rect.x+=stepx

        mpic_rect.y+=stepy

        #遇到窗体左右边界

        if mpic_rect.left<0 or mpic_rect.right>800:

            stepx=-stepx

        #遇到窗体上下边界

        if mpic_rect.bottom>500 or mpic_rect.top<0:

            stepy=-stepy

        screen.blit(mpic,mpic_rect)  #显示"福"字

        for i in range(80):  #在随机位置画白色的圆，表示雪花

            x=random.randint(0,800)

            y=random.randint(0,600)

            pg.draw.circle(screen,"white",(x,y),6)

        pg.display.update()

    pg.quit()
```

9.3.2 运行程序

程序运行时，会出现一幅如图 9-1 所示的春节夜景。夜幕降临，雪花飘落，家家户户张灯结彩，孩子们在院子里嬉笑玩耍、放烟花。窗体正中显示"新春快乐"几个大字，"福"字在里面不停地弹跳。伴随着喜庆的背景音乐，让人向往着美好的新春佳节。

我们可以更改"福"字每次移动的步长，以及每秒循环的次数，看看动画的速度会有什么变化；也可以把"福"字每次移动的水平方向步长和垂直方向步长改成不相同的数据，看看弹跳的角度会有什么不同。

9.4 拓展训练

模拟下雨的场景，如图 9-14 所示。五颜六色的雨点从顶部落下，落到底部后又从顶部开始重新落下。

要求：

- 雨点的颜色和坐标都是随机获取的；

- 一共有 100 个雨点；

- 雨点垂直落下，遇到窗口底部后，再次从顶部出现，然后继续下落。

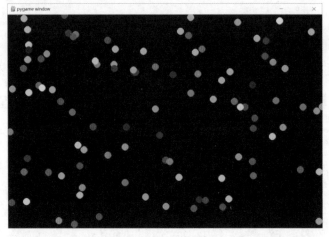

图 9-14　100 个雨点从上到下反复移动

第10章
Pygame——
游戏编程

第 9 章，我们用 Pygame 库提供的模块创建了动画，但是整个动画流程都是程序设定好的，用户不能和动画角色进行交互。本章，我们把用户交互和动画相结合，让用户可以在程序运行时，通过鼠标、键盘的操作来控制动画里的角色。

10.1 问题描述

大家都玩过电子游戏，从以前的街机游戏到现在的手游。虽然电子游戏因其潜在有害的影响而屡遭诟病，但是研究人员一直设法通过电子游戏的种种特点来使人们的生活更美好。喜欢玩电子游戏的同学，可以把对游戏的热爱转换为制作游戏的动力，争取今后可以编写出对学习和生活有益的游戏。学习了这个章节，我们可以编写出人生第一个小游戏。

10.2 案例：弹球游戏

大家小时候都玩过弹球游戏，本章，我们来编写一个简单的弹球游戏，让大家回味小时候的快乐。

游戏描述：如图 10-1 所示，小球在窗口内弹跳，窗口底部有个挡板，挡板由鼠标控制只能在底部左右移动。玩家有 3 条命，如果小球碰到挡板，得到 1 分，如果小球碰到窗口底部，则生命值减 1。生命值为 0 时游戏结束，此时按空格键可以重新开始游戏。

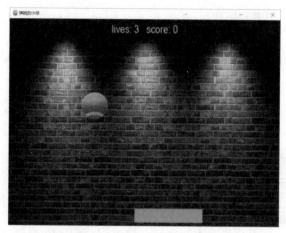

图 10-1 弹球游戏截图

10.2.1 编程前准备

1. Pygame 事件处理机制

第 9 章，我们已经罗列了一些常用事件。现在，我们以事件 KEYDOWN（键盘按下）和事件 MOUSEMOTION（鼠标移动）为例来说明 Pygame 的事件处理机制。

（1）KEYDOWN（键盘按下）

事件 KEYDOWN 有 3 个属性：

- Unicode：按键的 unicode 码，和平台相关，不推荐使用。
- key：按键的常量名称。
- mod：按键修饰符的组合值。

按键的常量名称很多，都以"K_"开头，例如：K_RETURN（回车键）、K_UP（向上箭头）、K_DOWN（向下箭头）、K_BACKSPACE（退格）、K_SPACE（空格）、K_F1（f1）、K_a（字母 a）等等。

按键的修饰符用于组合键，例如：KMOD_SHIFT 表示同

时按下 shift 键，KMOD_CTRL 表示同时按下 ctrl 键。

程序示例：

```
for event in pygame.event.get( ):
    if event.type==pygame.KEYDOWN: # 判断事件类型是否为键盘按下
        # 通过 key 属性判断按下的是否为 f1 键
        if event.key==pygame.K_F1:
            pic_rect.left=0
            pic_rect.top=0
```

（2）MOUSEMOTION（鼠标移动）

事件 MOUSEMOTION 有 3 个属性：

- buttons：一个含有 3 个数字的元组，3 个值分别代表左键、中键和右键。
- pos：鼠标当前位置。
- rel：现在距离上次产生鼠标事件时的距离。

程序示例：

```
for event in pg.event.get( ):
    if event.type==pg.MOUSEMOTION: # 判断鼠标是否移动
        print(pg.mouse.get_pos( )) # 输出鼠标当前位置坐标
```

如图 10-2 所示，Python Shell 里输出的就是鼠标移动时的坐标，随着鼠标的移动，随时会输出鼠标当前位置坐标。

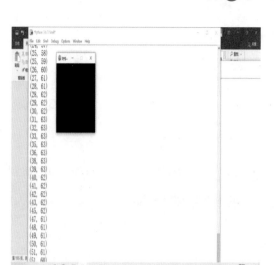

图 10-2　输出鼠标当前位置坐标

2. 绘制挡板

在弹球游戏中，用户和游戏通过挡板进行交互，当小球接近窗口底部时，要移动挡板，让小球碰在挡板上，否则生命值会减少。所以，挡板是游戏的一个重要元素。

挡板是一个宽 200、高 40 的绿色矩形。挡板随着鼠标在窗口底部左右移动，所以挡板的左上角 x 坐标是由鼠标的位置决定的，y 坐标固定不变。

首先，我们来计算挡板左上角 x 坐标。要先获取到鼠标的坐标，可以通过 pygame.mouse.get_pos( ) 获取鼠标当前坐标，该函数会返回一个有两个元素的元组，分别是鼠标的 x 坐标和 y 坐标。如果鼠标在挡板的中间，则挡板左上角 x 坐标为：

鼠标 x 坐标 – 挡板宽度 /2

然后，再来确定挡板左上角 y 坐标。为了区分小球是碰到挡板还是窗口底部，挡板的底部要比窗口底部高一点点。挡板高 40 像素，如果底部比窗口底部高 10 像素，则挡板左上角 y 坐标为：

窗口高−10−40=550

可以用如下代码绘制挡板：

```
pygame.draw.rect(screen, "green",(baffle_x,baffle_y,baffle_w,
baffle_h))
```

baffle_x、baffle_y、baffle_w、baffle_h 分别表示挡板左上角的 x 坐标、y 坐标以及挡板的宽和高。

3. 游戏得分

当小球碰到挡板，则可得分。要判断小球是否碰到挡板，我们可以先获取小球的位置矩形，通过位置矩形的左边界、右边界和下边界的值是否在挡板内来确定。图 10-3 展示了当小球碰到挡板时，小球左边界和右边界的临界值；图 10-4 展示了当小球碰到挡板时，小球下边界的临界值。

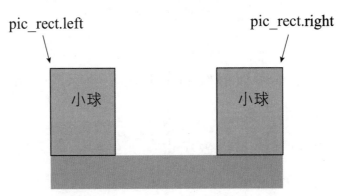

图 10-3 小球碰到挡板的左右临界值

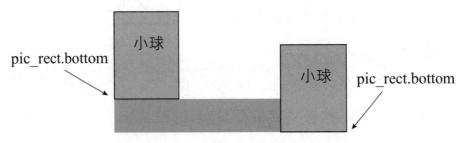

图 10-4 小球碰到挡板的上下临界值

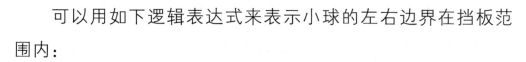

可以用如下逻辑表达式来表示小球的左右边界在挡板范围内：

pic_rect.left>=baffle_x and pic_rect.right<=baffle_x+baffle_w

可以用如下逻辑表达式来表示小球的下边界在挡板范围内：

pic_rect.bottom>=baffle_y and pic_rect.bottom<baffle_y+baffle_h

当这两个逻辑表达式的值都为真时，得分加1。

4. 生命值减少

小球碰到窗体底部时，生命值减1。当生命值为0时，游戏结束，此时按下空格键，可以重新开始游戏。现在我们来解释一下，游戏结束和重新开始的具体操作。

游戏结束时，小球停止弹跳。如何让小球停止呢？小球弹跳的原因是位置不断地变化，所以，只要位置不再变化，小球就可以停止了，也就是说，将移动时水平、垂直方向的步长设置为0，代码如下：

```
stepx=stepy=0
```

游戏重新开始时，所有元素都要恢复到初始状态，小球要回到窗口左上角，移动时水平、垂直方向的步长设置为6，生命值为3，分数清零，代码如下：

```
pic_rect.left=pic_rect.top=0
stepx=stepy=6
lives=3
score=0
```

5. 加载文本信息

文本是游戏中不可或缺的重要元素之一，Pygame 使用 pygame.font 模块来加载文本信息。该模块提供的常用方法如表 10-1 所示。

表 10-1　pygame.font 模块常用方法

方　　法	说　　明
pygame.font.init( )	初始化字体模块
pygame.font.quit( )	取消初始化字体模块
pygame.font.get_init( )	检查字体模块是否被初始化，返回一个布尔值
pygame.font.get_default_font( )	获得默认字体的文件名。返回系统中字体的文件名
pygame.font.get_fonts( )	获取所有可使用的字体，返回值是所有可用的字体列表
pygame.font.match_font( )	从系统的字体库中匹配字体文件，返回值是完整的字体文件路径
pygame.font.SysFont( )	从系统的字体库中创建一个 Font 对象
pygame.font.Font( )	从一个字体文件创建一个 Font 对象

我们介绍其中的创建字体对象的方法 pygame.font.SysFont( )，该函数直接从系统中加载字体，并返回一个字体对象。

pygame.font.SysFont(name,size,bold=False,italic=False)

参数说明

- name：字体名称，如果系统中没有列表中的字体，将使用 Pygame 默认的字体；
- size：表示字体的大小；
- bold：可缺省参数，表示字体是否加粗；
- italic：可缺省参数，表示字体是否为斜体。

调用示例：

```
words=pg.font.SysFont("Arial",32)
```

Pygame 为处理字体对象提供了一些常用方法，其中使用最多的要数 render，它是绘制文本内容的关键方法，其语法格式如下：

```
render(text,antialias,color,background=None)
```

参数说明

- text：要绘制的文本内容；
- antialias：布尔值参数，是否是平滑字体（抗锯齿）；
- color：设置字体颜色；
- background：可选参数，默认为 None，该参数用来设置字体的背景颜色。

调用示例：

```
info=words.render("Game over! Press SPACE to play
again.",True,(255,255,0))
```

现在我们掌握了在 Surface 中加载文本信息的方法，只要再确定信息显示的位置，就可以显示信息了。在弹球游戏中，生命值、得分等信息可以显示在窗口上方中央位置，可以通过 screen.get_rect( ).centerx 来获取窗口中央位置的 x 坐标。确定 info 位置的代码如下：

```
info_rect=info.get_rect( )
# 信息对象的中点 x 坐标取自窗口中点 x 坐标
info_rect.centerx=screen.get_rect( ).centerx
info_rect.y=10
```

6. 添加声音

电子游戏都有配备音效，Pygame 的 mixer 模块能帮助我们在弹球游戏中添加音效。mixer 模块可以依据命令播放一个或多个声音，并且也可以将这些声音混合在一起。pg.mixer.Sound( ) 函数可以加载声音文件，并返回一个声音对象，调用示例如下：

blap=pygame.mixer.Sound("blap.wav")

"blap.wav" 是声音文件名，该文件和游戏程序在同一个文件夹里。生成声音对象后，用 play( ) 函数播放音乐，如 blap. play( )。

10.2.2 算法设计

弹球游戏程序流程图如图 10-5 所示。

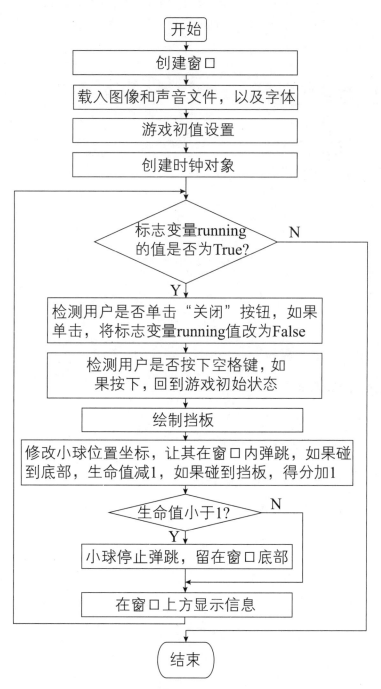

图 10-5 弹球游戏程序流程图

10.3　编写程序及运行

10.3.1　程序代码

```python
import pygame as pg

pg.init()

screen=pg.display.set_mode((800,600))

pg.display.set_caption("弹跳的小球")  #设置窗口标题

pic=pg.image.load("ball1.png")  #载入小球图像

pic_rect=pic.get_rect()  #获取小球图像的位置矩形

pic_rect.x=0;pic_rect.y=0  #设置小球初始位置

stepx=stepy=6  #设置移动时水平方向和垂直方向的步长

bpic=pg.image.load("bg.jpg")  #载入背景图

#导入表示小球碰到底部的声音文件

blap=pg.mixer.Sound("blap.wav")

#导入表示小球碰到挡板的声音文件

blip=pg.mixer.Sound("blip.wav")

lives=3  #生命值初值

score=0  #初始得分

words=pg.font.SysFont("Arial",32)  #从系统字体创建字体对象

running=True

timer=pg.time.Clock()  #创建时钟对象
```

```
while running:

    timer.tick(60) # 设置 fps 为 60

    for event in pg.event.get():

        if event.type==pg.QUIT:

            running=False

        # 如果接收到的事件是 " 按下键盘 "

        if event.type==pg.KEYDOWN:

            # 如果按下的是空格键，则回到游戏开始的状态

            if event.key==pg.K_SPACE:

                pic_rect.left=0

                pic_rect.top=0

                stepx=stepy=6

                lives=3

                score=0

    screen.blit(bpic,(0,0)) # 显示背景图

    # 绘制挡板

    mx,my=pg.mouse.get_pos() # 获取鼠标当前坐标

    # 设置挡板的宽和高

    baffle_w=200

    baffle_h=40

    # 设置挡板左上角坐标

    baffle_x=mx-baffle_w/2

    baffle_y=550

    pg.draw.rect(screen, "green",(baffle_x,baffle_y,baffle_w,
baffle_h))

    pic_rect.x+=stepx
```

```
    pic_rect.y+=stepy
#碰到窗体左右边界
if pic_rect.left<0 or pic_rect.right>800:
    stepx=-stepx
if pic_rect.top<0: #碰到窗体顶部
    stepy=-stepy
if pic_rect.bottom>600:#碰到窗体底部
    lives-=1  #生命值减1
    stepy=-stepy
    blap.play() #播放警告声,表示小球碰到底部
screen.blit(pic,pic_rect) #显示小球
# 判断小球是否碰到挡板
if pic_rect.bottom>=baffle_y and pic_rect.bottom<baffle_
y+baffle_h:
    if pic_rect.left>=baffle_x and pic_rect.right<=baffle_
x+baffle_w:
        stepy=-stepy
        score+=1 # 碰到挡板得分加1
        blip.play() #播放声音,表示小球碰到挡板
# 游戏过程中显示生命值和得分
prompt="lives: "+str(lives)+"   score: "+str(score)
# 游戏结束时,显示的信息和游戏过程中不同
if lives<1:
    stepx=stepy=0
    pic_rect.bottom=600
    prompt = "Game over! Press SPACE to play again."
```

```
#在窗口上方显示提示信息
info=words.render(prompt,True,[255,255,0])
info_rect=info.get_rect()
info_rect.centerx=screen.get_rect().centerx
info_rect.y=10
screen.blit(info,info_rect)
pg.display.update()
pg.quit()
```

10.3.2 运行程序

程序开始运行时，小球从窗口左上角出发，向右下方45度角位置移动，然后在窗口内弹跳。当小球碰到挡板时，得分加1，并且继续弹跳，如图 10-6 所示。当小球碰到窗口底部时，生命值减1，当生命值大于 0 时，小球依然继续弹跳，生命值为 0 时，小球停止弹跳，游戏结束，此时，按空格键可重新开始游戏，如图 10-7 所示。

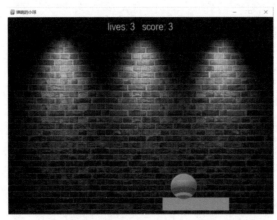

图 10-6 挡板碰到小球

图 10-7　小球碰到底部

可以更改程序中的部分数据来增加或减小游戏难度。例如更改移动时水平方向和垂直方向的步长 stepx 和 stepy 的值，或者更改 timer.tick( ) 的参数，都可以改变小球弹跳的速度。也可以缩短挡板的宽度，加大游戏难度。让我们开始挑战自己编写的第一个游戏吧。

10.4　拓展训练

编写游戏：躲弹球。

游戏元素如图 10-8 所示。

- 一个绿色方块，边长 100 像素，方块随着鼠标移动，鼠标随时位于方块的中心；
- 一个红色弹球，从窗口左上角开始往右下方 45 度角移动，遇到窗口边缘会反弹。

游戏规则：

游戏开始时，生命值为 100。弹球在窗体内弹跳，绿色方块要躲开弹球，如果碰到弹球，生命值减 1。生命值为 0 时，游戏结束，按空格键可以重新开始游戏。

　　游戏编写完成后，可以修改方块的大小和弹球移动的速度来改变游戏的难度，甚至可以增加一个弹球来加大难度。

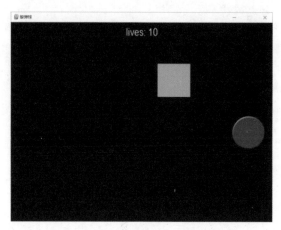

图 10-8　"躲弹球"游戏截图

　　图 10-9 演示了弹球运动轨迹，注意：我们编写的游戏中弹球是不能留下轨迹的。

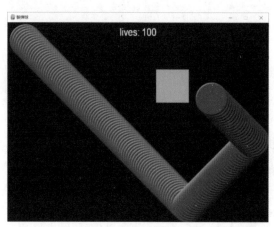

图 10-9　弹球运动轨迹